Untersuchungen zur aktiven Schwingungskompensation in Kraftfahrzeugen

Vom Fachbereich Elektrotechnik und Informationstechnik
der Universität Hannover
zur Erlangung des akademischen Grades

Doktor-Ingenieur

genehmigte Dissertation

von

Dipl.-Ing. Dipl.-Ök. Hendrik Gerth
geboren am 14.06.1973 in Hannover

2004

Tag der Prüfung: 06.07.2004
Erstgutachter: Prof. Dr.-Ing. Helmut Haase
Zweitgutachter: Prof. Dr.-Ing. Bernd Ponick
Prüfungsvorsitz: Prof. Dr.-Ing. Hans-Peter Kuchenbecker

Untersuchungen zur aktiven Schwingungskompensation in Kraftfahrzeugen

Vom Fachbereich Elektrotechnik und Informationstechnik
der Universität Hannover
zur Erlangung des akademischen Grades

Doktor-Ingenieur

genehmigte Dissertation
von Dipl.-Ing. Dipl.-Ök. Hendrik Gerth
geboren am 14. Juni 1973 in Hannover

2004

**Universität Hannover
Institut für Grundlagen der
Elektrotechnik und Messtechnik**

Bibliographische Information Der Deutschen Bibliothek:
Die Deutsche Bibliothek verzeichnet diese Publikation in der Deutschen Nationalbibliographie; detaillierte bibliographische Daten sind im Internet über http://dnb.ddb.de abrufbar.

Herstellung und Verlag: Books on Demand GmbH, Norderstedt
ISBN: 3-8334-2435-4

Vorwort

Die vorliegende Arbeit entstand während meiner Arbeit als wissenschaftlicher Mitarbeiter am Institut für Grundlagen der Elektrotechnik und Messtechnik der Universität Hannover.

Sehr herzlich möchte ich mich bei Herrn Prof. Dr.-Ing. H. Haase für die stete Unterstützung, die hilfreichen Diskussionen und Anregungen bedanken, die maßgeblich zum erfolgreichen Abschluss dieser Arbeit beigetragen haben. Herrn Prof. Dr.-Ing. B. Ponick danke ich herzlich für das der Arbeit entgegengebrachte Interesse und die Übernahme des Koreferats. Herrn Prof. Dr.-Ing. H.-P. Kuchenbecker danke ich für die Übernahme des Prüfungsvorsitzes.

Mein Dank gilt weiterhin Herrn Dr.-Ing. J. Meschke und Herrn Dr. K. Schaaf (Volkswagen AG), die diese Arbeit ermöglicht haben. Ebenso möchte ich mich bei den Diplomingenieuren P.-M. Marienfeld und S. Preussler sowie Herrn Dr.-Ing. H.-J. Karkosch (ContiTech Vibration Control GmbH, Hannover) für die Unterstützung bei der experimentellen Umsetzung bedanken.

Außerdem danke ich den Angehörigen des Institutes für die kooperative und angenehme Arbeitsatmosphäre. Dank gilt auch den Diplomingenieuren O. Höhn und M. Kolbus für ihr Engagement bei ihren Diplomarbeiten, durch die eine Reihe alternativer Ansätze untersucht werden konnten.

Schließlich möchte ich mich bei meiner Familie sowie meiner Freundin Julia Baltzer für die Ermunterung und Rücksichtnahme während der Schlussphase bedanken.

Kurzfassung

Untersuchungen zur aktiven Schwingungskompensation in Kraftfahrzeugen

Hendrik Gerth

Ein geringes Gewicht und ein hoher Fahrkomfort sind tendenziell konkurrierende Ziele bei der Entwicklung eines Kraftfahrzeugs. Aktive Systeme zur Schwingungskompensation oder -isolation können diesen Konflikt mildern.

Bisher erfolgt die aktive Kompensation der Vibrationen vom Verbrennungsmotor in Kraftfahrzeugen zumeist mit einem Aktor. Dieser wird in Motornähe am Chassis montiert und so angesteuert, dass er mit seiner Kraft die Bewegung eines uniaxialen Fehlersensors kompensiert. Der Fehlersensor wird zumeist in Aktornähe am Fahrzeug montiert. Die Auswahl geeigneter Aktor- und Fehlersensororte sowie die Aktor- und Fehlersensorausrichtung wird bisher experimentell festgelegt.

In dieser Arbeit wird ein Verfahren zur Auswahl geeigneter Aktor- und Fehlersensororte entwickelt. Dabei wird auch die Aktor- bzw. Fehlersensorausrichtung optimiert. Als aktives System werden dabei zwei Ansätze untersucht. Zum einen wird eine idealisierte Regelung analysiert, die wie bisher das Signal eines in Aktornähe montierten Fehlersensors kompensiert. Zum anderen wird eine optimale Steuerung betrachtet, die das Verhalten an den eigentlich zu beruhigenden Bewertungspunkten im Innenraum optimiert.

Der Vergleich der beiden Ansätze zeigt Ineffizienzen der bisherigen fehlersensorbasierten Regelung bei der Verbesserung des Komforts auf. Diese können durch eine neuartige kennlinienengesteuerte, drehzahlabhängige Ausrichtung des Fehlersensors mitunter deutlich verringert werden. Mit einem dazu entwickelten heuristischen Verfahren lassen sich schnell parameterunempfindliche Kennlinien berechnen. Durch die dazu entwickelte Parameterstabilisierung kann der in dieser Arbeit erstmals untersuchte Einfluss der Fahrzeugerwärmung auf das aktive System deutlich reduziert werden.

Neben der Verbesserung des bisherigen fehlersensorbasierten Systems durch den drehzahlvariabel ausgerichteten Fehlersensor wird die optimale Steuerung zu einem adaptiven System erweitert. Mit einem sehr einfachen Ansatz können die Kennlinien mit den Steuergrößen sukzessive verbessert werden. Damit passt sich das aktive System ohne Vorkenntnisse selbständig an das jeweilige Fahrzeug an.

Stichworte: Aktive Schwingungskompensation, Kraftfahrzeug, Aktorplatzierung, Sensorplatzierung, virtueller Fehlersensor, Temperatureinfluss, adaptive Steuerung

Abstract

Research into Active Vibration Control in Vehicles

Hendrik Gerth

A low weight and a high driving comfort tend to be opposite demands in the design process of a motor vehicle. Active systems for vibration isolation or compensation can reduce this conflict.
At present, the active vibration compensation is mostly realized with a single inertial mass shaker. The actuator is mounted on the chassis close to the engine. The controller drives the actuator so that it compensates the movement of an uniaxial error sensor. This sensor is normally attached close to the actuator. So far, appropriate places for the actuator and error sensor, respectively, have been chosen experimentally.
In this work, a method for the optimal choice of actuator and error sensor positions is developed. Further, also the orientation of the actuator and error sensor is optimized. Two different approaches for an active system are examined. On the one hand, an idealized controller is analyzed which fully compensates the signal of the error sensor. On the other hand, an optimum feedforward controller is analyzed. This controller directly optimizes the behavior at evaluation points in the passenger compartment.
The comparison of the two approaches shows inefficiencies of the previous system with the error sensor. These disadvantages can be reduced with a novel characteristics-based, engine speed-dependent error sensor orientation. Appropriate characteristics with a low parameter sensitivity can be calculated easily by a heuristic method developed for that purpose. The reduction of the parameter sensitivity can reduce the influence of the vehicle temperature on the active system which is analyzed here for the first time.
Besides the improvement of the error sensor-based system by the engine speed-dependent orientated sensor, the optimum feedforward control is extended to an adaptive system. The characteristics can be improved by using a successive strategy. Through this, the active system is able to adapt to a particular vehicle without the need of a-priori information.

Keywords: active vibration control, vehicle, actuator placement, sensor placement, virtual error sensor, temperature dependency, adaptive feedforward control

IV

Inhaltsverzeichnis

Verzeichnis der wesentlichen Symbole

Für physikalische Größen werden die allgemein üblichen Bezeichnungen verwendet. Dies sind z. B. die Beschleunigung a, die Kraft F, die Drehzahl n, der Strom i oder die Spannung u. Daneben gibt es eine Reihe von Größen mit spezieller Notation.

Symbolgrößen

γ	Winkel des Aktors gegen die jeweilige Flächennormale für die Identifikation in drei versetzten Richtungen
φ	Umfangswinkel der Ausrichtung des Aktors oder des Fehlersensors
Φ	Gewichtungsfunktion für die LOLIMOT-Modelle
θ	Winkel des Aktors oder des Fehlersensors gegen die jeweilige Flächennormale
g	Gewichtsfunktion
G	Frequenzgang
$\mathbf{G}$	Frequenzgangmatrix
J	Bewertungskriterium bzw. Störungsmaß zur Beurteilung des Verhaltens im Innenraum (über alle Drehzahlen berechnet)
J^*	parameterstabilisiertes Bewertungskriterium (über alle Drehzahlen berechnet)
$\tilde{J}_\nu$	Bewertungskriterium (für die Drehzahl n_ν)
$\tilde{J}_\nu^*$	parameterstabilisiertes Bewertungskriterium (für die Drehzahl n_ν)
N_B	Anzahl berücksichtigter Bewertungspunkte
N_{HK}	Anzahl für die Hauptkomponentenanalyse verwendeter Einzelbeobachtungen
N_{MO}	Anzahl erfasster Motorordnungen
N_n	Anzahl erfasster Motordrehzahlen
S	Leistungsspektraldichte des Frequenzgangfehlers
w	Gewichtungsfaktor zur Komfortbeurteilung
$\mathbf{W}$	Gewichtungsmatrix zur Komfortbeurteilung
X	Aktorstellgröße (zumeist der Aktorstrom) im Frequenzbereich (Amplitudenzeiger).
$\mathbf{X}$	Zusammenfassung mehrerer Stellgrößen X in einem Vektor
$y(k)$	Zeitdiskretes Sensorsignal (Beschleunigung oder Mikrofonspannung)
Y	Sensorsignal im Frequenzbereich (Beschleunigung oder Mikrofonspannung)
$\mathbf{Y}$	Zusammenfassung mehrerer Sensorsignale Y in einem Vektor

Zählindizes

a Aktorort a

b Bewertungspunkt b

o Motorordnung o

ν Drehzahl n_ν

Hochgestellte Indizes

AP zwischen Aktorstellgröße als Anregung und der Reaktion am Ort P

B am/zum Bewertungspunkt

P allgemeines Sensorsignal

S am/zum Fehlersensorort

T Transposition

$*$ Konjugation/ausgewählter Wert

$'$ Koordinatensystem des Aktors

$''$ Koordinatensystem des Fehlersensors

Kapitel 1

Ziele

Der Wert, den ein Besitzer seinem Kraftfahrzeug beimisst, wird neben objektiven Kriterien wie dem Kraftstoffverbrauch, der Ausstattung oder Verarbeitung in hohem Maße auch durch den subjektiv empfundenen Fahrkomfort beeinflusst. Die Komfortbeurteilung wird durch eine Vielzahl optischer, taktiler und akustischer Wahrnehmungen der Insassen bestimmt. Eine große Bedeutung hat dabei das Ausmaß des wahrgenommenen Luft- und Körperschalls vom Verbrennungsmotor.

Bisher wurde der Innenraum insbesondere durch den großzügigen Einsatz von Dämmstoffen beruhigt. Das inzwischen nicht mehr unerhebliche Gewicht dieser Materialien führt jedoch zu einem höheren Kraftstoffverbrauch. Auch ist die Wirksamkeit im unteren Frequenzbereich relativ beschränkt [23, S. 12]. Gleichzeitig wird im Zuge gesteigerter Anforderungen an das Umweltverhalten an verbrauchsärmeren Motoren sowie Leichtbaumaßnahmen gearbeitet. Beides ist jedoch tendenziell mit einer Verschlechterung des Schwingungsverhaltens verbunden.[1] Ein zusätzlicher Einsatz von Dämmstoffen zur Vermeidung dieses Komfortverlustes würde zumindest einen Teil der Verbrauchsreduktion aufbrauchen.

Mit relativ leichten, aktiven Systemen kann dieses Problem umgangen werden. Dabei werden zur Zeit unterschiedliche Ansätze verfolgt. Zum einen wird versucht, Strukturschwingungen einzelner Karosserieteile mit flächig verteilten Aktoren (Piezofolien) zu verringern [98, S. 229 ff.]. Zum anderen wird daran gearbeitet, die Einleitung von Wechselkräften durch den Motor über die Motorlager zu vermindern. Auf der einen Seite werden dabei aktive ([78], [32], [35]) oder semi-aktive[2], d. h. in ihren Parametern verstellbare Lager untersucht. Auslegungsziel ist eine hohe statische Steifigkeit zur sicheren Fixierung des Motorblocks bei einer großen dynamischen Nachgiebigkeit für die durch den Verbrennungsprozess verursachten Bewegungen. Über das Prinzip des Wegausgleichs soll der Motor besser vom Chassis schwingungstechnisch *isoliert* werden, als es durch die bisherigen passiven Hydrolager möglich ist.

---

[1] Durch eine geeignete Materialauswahl kann man diesem Trend beim Leichtbau allerdings entgegenwirken oder ihn sogar umkehren [69, S. 8].

[2] Darunter fallen z. B. Hydrolager, die mit einer elektro-rheologischen Flüssigkeit gefüllt sind. Durch Aufbringen eines elektrischen Feldes lässt sich die Dämpfung der Lager verändern [18].Weiterhin wird an Hydrolagern gearbeitet, die zwischen zwei unterschiedlichen Eigenschaften umschaltbar sind [2].

Auf der anderen Seite wird die Kompensation der in das Chassis eingeleiteten Kräfte erforscht (z. B. [47, S. 1 ff.], [99, S. 254 ff.]). Dazu werden Aktoren chassisseitig am Fahrzeug zumeist in der Nähe der Motorlager montiert. Durch eine Regelung oder Steuerung wird der Aktor so angesteuert, dass die von ihm erzeugte Kraft die des Motors *kompensiert*.[3] Gegenüber dem Wegausgleich mit aktiven Motorlagern ist dieser Kraftausgleich vor allem deshalb vorteilhaft, weil keine Änderung erprobter, sicherheitsrelevanter Teile erforderlich ist.

In einem vorangegangenen Forschungsprojekt des Instituts für Grundlagen der Elektrotechnik und Messtechnik der Universität Hannover mit der ContiTech Vibration Control GmbH wurde bereits ein kompakter magnetdynamischer Linearaktor entwickelt [51, S. 38 ff.]. Darüber hinaus existiert bereits ein einsetzbares Steuergerät von ContiTech, das auf einem adaptiven Filter basiert. Dieses steuert den Aktor so an, dass er mit seiner Kraft die Bewegung eines Fehlersensors infolge der Motoranregung unterbindet. Bisher war die Auswahl geeigneter Aktor- und Fehlersensorpositionen im Fahrzeug sowie die Ausrichtung des als Fehlersensor verwendeten uniaxialen Beschleunigungssensors ein langwieriger Probierprozess.

In dieser Arbeit werden daher Verfahren entwickelt, mit denen für das vorgegebene Steuergerät optimale Aktor- und Fehlersensororte bzw. -ausrichtungen mit wenig Messaufwand bestimmt werden können. Das Ziel besteht nicht darin, den Komfort des verwendeten Testfahrzeugs zu verbessern. Vielmehr sollen es die entwickelten Verfahren erlauben, ein komfortverbesserndes aktives System ohne großen Messaufwand in ein Fahrzeug zu integrieren. In Hinblick auf einen möglichen Serieneinsatz und auf das Steuergerät liegt der Schwerpunkt auf der Optimierung eines Ein-Aktor-Systems.

Zunächst wird in Kapitel 2 das Versuchsfahrzeug und die Art der zu berücksichtigenden Störungen beschrieben. Anschließend wird die Schwierigkeit der Festlegung eines geeigneten Optimierungskriteriums zur Beschreibung des Komforts erläutert. Weiterhin werden Modelle für die beiden untersuchten aktiven Systeme (adaptives Filter und kennlinienbasierte Steuerung) entwickelt.

In Kapitel 3 wird die Platzierung von Aktoren und Fehlersensoren untersucht. Nach Überlegungen zu modaltheoretischen Ansätzen für eine Aktorplatzierung werden die Frequenzgänge für beliebig ausgerichtete Aktoren und Sensoren ermittelt. Mit diesen Ergebnissen werden optimale Aktor- bzw. Fehlersensorrichtungen berechnet und im Experiment verifiziert.

Der bisher übliche, fest ausgerichtete Fehlersensor nutzt die Möglichkeiten, die ein aktives System bietet, u. U. nur unzureichend aus. Deshalb wird in Kapitel 4 eine neuartige drehzahlabhängige Ausrichtung des Fehlersensors in Simulation und Experiment untersucht. Nach einer Analyse der Funktionsweise wird ein heuristisches Verfahren entwickelt, mit dem sich geeignete Kennlinien zur Fehlersensorausrichtung mit vertretbarem Zeitaufwand berechnen lassen. Ziel ist dabei vor allem die Reduktion der Parameterempfindlichkeit des Systems.

Neben den rein kriteriumsbasierten Optimierungsansätzen wird in Kapitel 5 eine Systemvariante zur Unterbindung der Schwingungseinleitung über die beiden Motorlager durch zwei Aktoren untersucht. Daneben wird ein modifiziertes Kriterium für eine globale Beruhigung des Fahrzeugs betrachtet. Beide Ansätze werden experimentell analysiert.

---

[3]Diese Art von Systemen wird in der Literatur teilweise ebenfalls als aktives Motorlager bezeichnet ([109, S. 134]).

Für einen Serieneinsatz ist die Wirksamkeit jedes einzelnen aktiven Systems über seine gesamte Nutzungsdauer unverzichtbar. Um dies näher zu untersuchen wird in Kapitel 6 der bisher kaum beachtete Einfluss der Fahrzeugtemperatur auf das Übertragungsverhalten sowie die Auswirkungen auf ein aktives System analysiert.

Vor diesem Hintergrund werden schließlich Möglichkeiten zur Adaption der Kennlinien für eine Fehlersensorausrichtung sowie für eine kurbelwellensynchrone Steuerung untersucht (Kapitel 7). Die Adaption der Kennlinien der kurbelwellensynchronen Steuerung wird mit einem neuen Adaptionsansatz im Experiment überprüft.

Jedes Kapitel dieser Arbeit enthält einen eigenen Überblick über den Stand der Technik für die jeweilige Fragestellung. Einzelne Berechnungen, die zwar im Text, nicht aber insgesamt verzichtbar erschienen, sind in den Anhang A ausgegliedert. Bei den quantitativen Aussagen ist zu beachten, dass diese maßgeblich durch das eingesetzte Versuchsfahrzeug bestimmt werden. Dies betrifft insbesondere die erzielbaren Verbesserungen durch das aktive System, den Vergleich unterschiedlicher Systeme sowie die Auswirkungen der Temperaturänderungen.

Die vorliegende Arbeit ist im Rahmen eines gemeinsamen Forschungsprojektes des Institutes für Grundlagen der Elektrotechnik und Messtechnik an der Universität Hannover mit der Volkswagen AG in Unterstützung durch die ContiTech Vibration Control GmbH Hannover entstanden.

Kapitel 2

Systembeschreibung und -modellierung

Ursprüngliches Ziel dieses Projektes war die Entwicklung von Methoden zur komfortoptimalen Platzierung des Aktors und des Fehlersensors für das vorgegebene Steuergerät von ContiTech.

In diesem Kapitel wird dazu zunächst das für die experimentellen Untersuchungen verwendete Testfahrzeug sowie der Messaufbau kurz erläutert. Anschließend wird auf die Art der hier vorliegenden Störungen sowie auf die dafür verwendete Beschreibung eingegangen. Weiterhin wird die Identifikation des Übertragungsverhaltens beschrieben. Anschließend werden die Schwierigkeiten bei der Festlegung einer geeigneten Zielfunktion („Komfortmaß") erläutert. Danach wird das hier verwendete quadratische Störungsmaß motiviert.

Schließlich werden die beiden hier untersuchten aktiven Systeme (ideale Regelung/optimale Steuerung) definiert und abgeleitet. Dabei ist die ideale Regelung ein idealisiertes Modell des einzusetzenden Steuergerätes. Mit der optimalen Steuerung kann dagegen das theoretisch mögliche Komfortmaximum (bzgl. des Beurteilungskriteriums) angegeben werden.

2.1 Versuchsaufbau

2.1.1 Testfahrzeug

Die experimentellen Untersuchungen dieser Arbeit wurden an einem Audi A6 Avant 1.9 TDI (Baujahr 1998, Drehzahlbereich ca. 850 bis 4500 min^{-1}, siehe Abbildung 2.1) durchgeführt. Das Fahrzeug stand von vorangegangenen Untersuchungen zur Verfügung. Unter anderem existierten z. B. bereits geeignete Montageflächen für die Aktoren an den beiden Motorlagern, den Getriebelagern und an der vorderen Pendelstütze. Die Motor- und Getriebelager selbst entsprachen nicht mehr komplett der Serienausstattung.

Sämtliche Messungen erfolgten bei stehendem Fahrzeug im lastfreien Leerlauf. Dadurch wird das Geräusch- und Schwingungsverhalten ausschließlich durch den Verbrennungsmotor be-

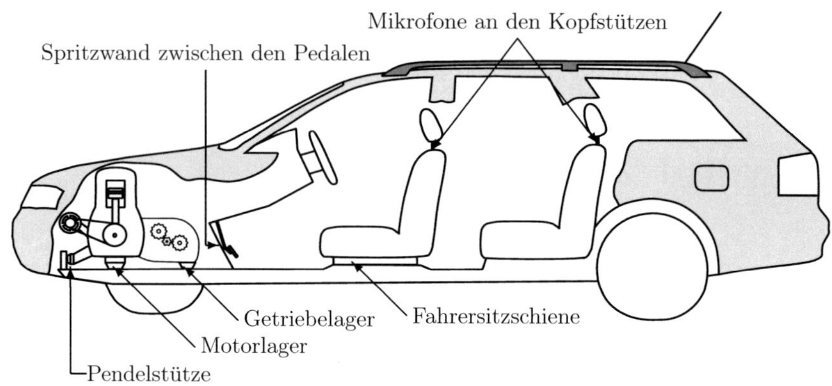

Abbildung 2.1: Versuchsfahrzeug mit einer qualitativen Darstellung der hier berücksichtigten Aktor- und Fehlersensororte sowie Bewertungspunkte.

einflusst und nicht durch Fahrbahnanregung und Windgeräusche verfälscht.

2.1.2 Verwendete Aktoren

Bei den für die Experimente eingesetzten Aktoren handelt es sich um Vorserienmuster von ContiTech Vibration Control. Die Krafterzeugung erfolgt bei den Aktoren durch die Trägheit der elektromagnetisch bewegten Aktormasse von ca. 1-2 kg (Abbildung 2.2). Je nach Aktortyp lassen sich für die Zündfrequenz im Leerlauf (ca. 28 Hz) Kräfte bis 100 N erzeugen. Die Ansteuerung der Aktoren erfolgt durch einen selbstgebauten, stromgeregelten Verstärker mit einer MOSFET-H-Brücke. Die Speisespannung der Brücke wird aus einem Hochsetzsteller bezogen, der die 12 V Bordnetzspannung in 36 V umsetzt. Entsprechend lassen sich je nach Frequenzbereich Aktorströme mit Spitzenwerten von bis zu 12 A stellen. Das 12 V-Bordnetz wird dabei mit einem Gleichstrom von maximal vier Ampere belastet.

2.1.3 Datenerfassung und -verarbeitung

Die in dieser Arbeit angegebenen Beschleunigungen werden über am Fahrzeug befestigte triaxiale Beschleunigungsaufnehmer gemessen. Innenraumgeräusche werden durch vier unkalibrierte[1] Mikrofone an den vier Kopfstützen erfasst.

Die für die Darstellungen verwendeten Messwerte wurden i. Allg. mit einem 32-Spur DAT-Rekorder mit 3 kHz Abtastfrequenz aufgezeichnet. Die Daten zur Realisierung der aktiven

---

[1]Im Allgemeinen kommt es hier auf die Verbesserung durch das Einschalten des aktiven Systems und weniger auf Absolutwerte z. B. für den Schalldruck an. Entsprechend lassen sich erheblich einfachere unkalibrierte Mikrofone einsetzen.

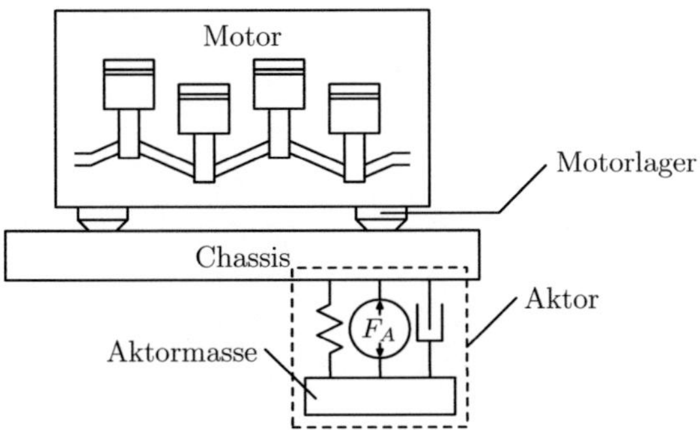

Abbildung 2.2: Prinzipbild der eingesetzten Aktoren bei chassisseitiger Montage an einem der Motorlager.

Systeme (Streckenmodell, Steuerkennlinien, Winkelkennlinien für den virtuellen Fehlersensor) wurden dagegen zumeist direkt mit dem verwendeten Prozessrechner (200 MHz Micro-Autobox von dSpace) gemessen. Bei der Identifikation wird so die komplette Strecke vom DA-Umsetzer über den Aktor, das Fahrzeug, die Sensoren und Messverstärker bis zum AD-Umsetzer erfasst. Entsprechend wird das System vollständig zeitdiskret beschrieben.

2.2 Systembeschreibung

2.2.1 Beschreibung des Störungsverhaltens

Kennzeichen eines Verbrennungsmotors ist eine bei konstanter Fahrt weitgehend periodische Motoranregung. Entsprechend weist das Spektrum der Sensorsignale aus dem Motor- oder Innenraum einzelne dominante Signalanteile auf. Den größten Beitrag zu den Beschleunigungen oder den Geräuschen im Innenraum hat dabei zumeist die Zündfrequenz. Mit der Drehfrequenz der Kurbelwelle als sogenannte (erste) Motorordnung [68, S. 207 f.] ist dies z. B. bei einem Viertakt-Vierzylinder-Motor die zweite Motorordnung (=doppelte Kurbelwellendrehzahl). Bei einem Viertakt-Dreizylinder-Motor ist dagegen die 1,5 fache Motorordnung dominant. Je nach Drehzahl weisen die Signale vor allem ganzzahlige Vielfache der Zündfrequenz, d. h. gerade Motorordnungen auf (Abbildung 2.3). Daher liegt eine Beschreibung des Systems im Frequenzbereich nahe. Messungen am Testfahrzeug haben dazu gezeigt, dass die hier relevanten Übertragungswege vom Aktor zu den Sensoren im Motor- oder Innenraum hinreichend gut durch lineare Modelle beschrieben werden können.

Das eingesetzte Testfahrzeug hat einen regulären Drehzahlbereich von 850 bis 4500 min^{-1}. Entsprechend liegt die zweite Motorordnung zwischen 28 und 150 Hz. Mit den verwendeten Aktoren und der Rechenleistung des Prozessrechners lässt sich über den gesamten Drehzahlbereich in den Experimenten oft nur die vierte, teilweise auch die sechste Motorordnung beeinflussen. Dabei ergibt sich die Frequenzbeschränkung der Aktoren durch die endliche An-

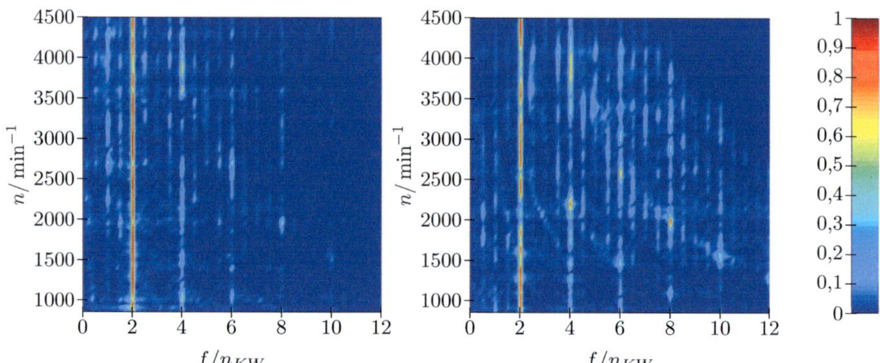

Abbildung 2.3: Auf den Gesamteffektivwert bezogene Effektivwerte der einzelnen Spektralanteile der Mikrofonspannung am Fahrersitz (**links**) bzw. der Beschleunigung der Fahrersitzschiene (**Mitte**) mit dazugehörigem Maßstab (**rechts**). Die Messung erfolgte bei einem langsamen Hochlauf im Stand. Die Frequenz ist auf die jeweilige Kurbelwellendrehzahl normiert.

stiegsgeschwindigkeit des Aktorstroms infolge der Aktorinduktivität bzw. einer beschränkten verfügbaren Aktorspannung. Je nachdem, ob maximal die vierte oder auch noch die sechste Motorordnung erfasst werden soll, erstreckt sich der Frequenzbereich von 28 Hz bis ca. 300 Hz bzw. 450 Hz.

Abgesehen vom Anfahren im ersten und zweiten Gang ändert sich die Motordrehzahl im normalen Betrieb eines PKWs relativ langsam. Entsprechend interessiert das Fahrzeugverhalten bei diesen *annähernd* konstanten (quasistationären) Betriebszuständen. Ein einzelner Betriebszustand ist dabei durch die Motordrehzahl, die Stellung des Schaltgetriebes und das Motormoment bzw. den Belastungszustand gekennzeichnet. Betrachtet man beispielsweise den Fall der konstanten Fahrt im ersten Gang, ist eine Beschreibung bei einer großen Anzahl Drehzahlen, z. B. mit einer Auflösung von 50 min^{-1}, wünschenswert. Über den Drehzahlbereich des Testfahrzeugs ergeben sich damit bereits 74 einzeln einzustellende Drehzahlen. Zur Reduktion des Messaufwandes lassen sich die Daten auch aus einem Motorhochlauf gewinnen. Dieser muss so langsam sein, dass das Fahrzeug als eingeschwungen betrachtet werden kann.

Für eine Beschreibung des Systems im Frequenzbereich sind für die untersuchten Sensorsignale die Beträge und die Phasen der einzelnen Motorordnungen zu bestimmen. Als Phasenbezug steht ein rechteckiges Steuersignal mit Zündfrequenz aus dem Motorsteuergerät zur Verfügung, das phasenstarr[2] zum Drehwinkel der Kurbelwelle ist. Mit Hilfe dieses Signals lassen sich einzelne Teilmessschriebe der Sensorsignale über eine ganze Anzahl halber Kurbelwellenumdrehungen aus den Daten des Hochlaufs extrahieren. Die Länge dieser Teilmessschriebe sollte dabei immer eine ganze Anzahl von Verbrennungszyklen umfassen. Bei

---

[2]Bei dem eingesetzten Testfahrzeug ergab sich in wenigen Fällen ein um 180° zum Verbrennungsprozess verschobenes Rechtecksignal. D. h. die relative Lage, nicht jedoch die Richtung der Flanken war vollständig reproduzierbar.

einem Viertakt-Vierzylinder-Motor sind daher entsprechend immer Vielfache von vier halben Kurbelwellenumdrehungen zu verwenden. Je länger diese Teilmessschriebe werden, desto besser ist zwar die Glättung zufälliger Fehler. Gleichzeitig verfälscht die Drehzahländerung im Hochlauf das Ergebnis jedoch zusehends. In der Praxis haben sich acht halbe Kurbelwellenumdrehungen als günstig erwiesen.

Damit wird immer auch eine volle Anzahl Perioden der z. B. durch das Getriebe verursachten halbzahligen Motorordnungen erfasst. Folglich ergeben sich keine Schwierigkeiten bei dem Ausschneiden der Teilmessschriebe durch diese Spektralanteile. Abgesehen von zufälligen Einflüssen sind die Teilmessschriebe damit einzelne Perioden des als periodisch angenommenen Verbrennungsvorgangs.

Die Teilmessschriebe lassen sich mit der diskreten Fouriertransformation (DFT) in den Frequenzbereich überführen und spektral zerlegen. Dabei ergeben sich durch die Periodizität keine Abschneideeffekte, so dass keine Fensterfunktionen verwendet werden müssen.[3] Bei den im Folgenden verwendeten Größen zur Beschreibung der Motorstörungen handelt es sich um so extrahierte Spektralanteile. Z. B. wird das später eingeführte Fehlersensorsignal $Y_{\nu,o}^S$ aus einem Teilmessschrieb für das Fehlersensorsignal berechnet, bei dem der Motor eine mit ν bezeichnete Drehzahl aufweist. $Y_{\nu,o}^S$ ist dann der (komplexwertige) Spektralanteil, der der o-ten Motorordnung entspricht. Die Phase von $Y_{\nu,o}^S$ bezieht sich auf den Zeitpunkt der nächsten steigenden Flanke des Rechtecksignals aus dem Steuergerät, d. h. auf einen bestimmten Kurbelwellenwinkel.

2.2.2 Beschreibung und Bestimmung des Übertragungsverhaltens

Bis etwa 200 Hz lässt sich das Übertragungsverhalten eines Fahrzeugs auch mit Finiten Elementen modellieren und modal analysieren [81, S. 247 ff.]. Entsprechend werden solche Modelle zur Analyse und Verbesserung des Schwingungsverhaltens bzw. der akustischen Eigenschaften in diesem Frequenzbereich eingesetzt [59, S. 223 ff.]. Bei Frequenzen oberhalb von 200 Hz scheitert die Modellierung infolge der hohen modalen Dichte[4] eines komplett ausgestatteten Fahrzeugs[5]. Auch wäre der Nutzen eines solchen Modells eher gering. So weisen nominell identische Fahrzeuge, die alle durch das gleiche Modell beschrieben werden würden in der Praxis u. U. deutlich unterschiedliche Übertragungsverhalten auf [104, S. 3]. Die für den Frequenzbereich zwischen 200 und 500 Hz besser geeignete statistische Energieanalyse (z. B. [24]) scheidet für die vorliegende Aufgabe ebenfalls aus. Hier ist es nicht möglich, Aussagen über die relevanten Phasenbeziehungen zu machen.

---

[3]Voraussetzung ist, dass die Abtastfrequenz hinreichend hoch ist bzw. der Teilmessschrieb hinreichend viele Kurbelwellenumdrehungen enthält, so dass sich keine Probleme durch die mangelnde zeitliche Auflösung bei der Abtastung ergeben.

[4]Die modale Dichte gibt die durchschnittliche Anzahl Resonanzfrequenzen je Frequenzeinheit an [96, S. 890].

[5]Allein der Kardantunnel weist bei einem Fahrzeug zwischen 200 und 500 Hz u. U. schon elf Eigenfrequenzen auf [98, S. 233], die Abgasanlage bis 200 Hz oft sogar mehr als 20 [3, S. 1201]. Eine Alternative könnte in einer hybriden Modellierung des Fahrzeugs bestehen. Dabei werden Teile mit geringer modaler Dichte mit Finiten Elementen modelliert. Diese Teilmodelle werden anschließend mit gemessenen Übertragungsfunktionen des komplexen Restfahrzeugs kombiniert [107, S. 2465 ff.].

Anstelle der numerischen Modellierung des Fahrzeugs werden daher für die folgenden Berechnungen und Simulationen am Fahrzeug gemessene Übertragungsfunktionen bzw. Frequenzgänge verwendet. Dies hat den Nachteil, dass das System erst dann ausgelegt werden kann, wenn ein Prototyp für Messungen zur Verfügung steht. Eine rein rechnergestützte Auslegung in einer frühen Entwicklungsphase ist technisch nicht möglich.

Zur Identifikation werden das Eingangssignal x_k (Aktorkraft oder Aktorstrom) und die Reaktion y_k des Systems je nach Anwendung mit dem DAT-Rekorder oder dem Prozessrechner aufgezeichnet. Als Identifikationssignal wird ein Gleitfrequenzsignal mit abschnittsweise linearem Frequenzanstieg verwendet. Aus diesen Daten lassen sich die Koeffizienten g_k der endlich angenommenen Impulsantwort (FIR) der Länge L über die modifizierte Faltungssumme

$$y(k) = a_0 + g_0 x(k) + g_1 x(k-1) + g_2 x(k-2) + \ldots + g_{L-1} x(k-L+1) \qquad (2.1)$$

durch einen gewöhnlichen Kleinste-Quadrate-Schätzer bestimmen. Dabei muss immer auch die Konstante a_0 mitgeschätzt werden. Ansonsten kann die Kleinste-Quadrate-Schätzung durch mögliche additive Störgrößen wie Offsetfehler inkonsistent werden [57, S. 217 ff.].

Mit den in der Regressormatrix

$$\mathbf{X} = \begin{bmatrix} 1 & x(1) & x(0) & \ldots & x(2-L) \\ 1 & x(2) & x(1) & \ldots & x(3-L) \\ \vdots & \vdots & \vdots & \ddots & \vdots \\ 1 & x(N) & x(N-1) & \ldots & x(N-L+1) \end{bmatrix}$$

zusammengefassten Anregungsgrößen[6] $x(k)$ und dem Vektor $\mathbf{y} = [y(1), y(2), \ldots, y(N)]^T$ der beobachteten Reaktionen $y(k)$ kann der Koeffizientenvektor $\boldsymbol{\beta} = [a_0, g_0, \ldots, g_{L-1}]^T$ direkt mit der Bildung der Pseudoinversen über

$$\hat{\boldsymbol{\beta}} = (\mathbf{X}^T \mathbf{X})^{-1} \mathbf{X}^T \mathbf{y} \qquad (2.2)$$

geschätzt werden. Dabei ist der Rechenaufwand u. U. sehr groß. Beispielsweise handelt es sich bei $\mathbf{X}$ für $L = 450$ Koeffizienten, einer Abtastfrequenz von $3\,\mathrm{kHz}$ und einer Messdauer von $30\,\mathrm{s}$ um eine 90000×451 Matrix. Mit den in Anhang A.1 ab Seite 125 beschriebenen Vereinfachungen lässt sich der Koeffizientenvektor $\hat{\boldsymbol{\beta}}$ jedoch relativ schnell berechnen.

Für das Testfahrzeug hat sich gezeigt, dass es unabhängig von der Abtastzeit genügt, so viele Koeffizienten g_k aufzunehmen, dass die Impulsantwort etwa $150\,\mathrm{ms}$ lang ist. Zwar zeigt ein statistischer F-Test, dass die zusätzlichen Koeffizienten einer verlängerten Impulsantwort mit hoher Wahrscheinlichkeit signifikant von Null verschieden sind.[7] Dennoch kann das Systemverhalten auch an relativ schwach gedämpften Resonanzstellen gut mit dieser Länge nachgebildet werden. Außerdem ist der Ausgleich sehr gut. So liegen bei der hier verwendeten Anregungsdauer von mindestens $30\,\mathrm{s}$ über $200\,\mathrm{mal}$ mehr Beobachtungen vor als unbekannte Koeffizienten der $150\,\mathrm{ms}$ langen Impulsantwort zu schätzen sind. Entsprechend beträgt die Varianz des Modellfehlers je nach Sensorort in einzelnen Teilintervallen des verwendeten Datensatzes zumeist deutlich weniger als $5\,\%$ der Varianz der gemessenen Reaktion des

---

[6] Eingangsgröße ist hier zumeist der Aktorstrom, seltener die Aktorkraft (vgl. Abschnitt 2.3.1, Seite 13).

[7] Zum F-Test vgl. z. B. [55, S. 65 ff.], [60, S. 252 ff.].

Systems. Größere Abweichungen ergeben sich vor allem, wenn die Anregungsfrequenz in der Nähe einer Nullstelle des zu identifizierenden Frequenzgangs liegt.

Der FIR-Ansatz 2.1 hat auf den ersten Blick den Nachteil, dass die Impulsantwort im Zeitbereich ohne Analyse der Struktur (Pole oder Nullstellen) einfach nur „möglichst gut" approximiert wird. Allerdings zeigen die gemessenen Frequenzgänge (siehe z. B. Abbildung 3.7 auf Seite 35) u. U. auch durch die hohe modale Dichte keinen Verlauf, der sich mit wenigen Polen oder Nullstellen erklären lässt. Je mehr Pole und Nullstellen man dann für die Approximation verwendet, desto geringer wird auch hier die Interpretierbarkeit der geschätzten Parameter.

2.3 Komfortbeurteilung

Die Verbesserung des Komfortverhaltens des untersuchten Fahrzeugs mit dem aktiven Tilger erfordert ein objektives Auslegungskriterium. Die Systemauslegung, die diese Zielfunktion optimiert, muss im tatsächlichen Fahrzeug auch zum maximalen Komfort führen.

Zur Beschreibung des vom Fahrer wahrgenommenen Fahrzeugverhaltens kann die Beschleunigung an den Kontaktbereichen zwischen Fahrer und Fahrzeug gemessen werden. Dies sind z. B. die Spritzwand im Fußraum, die Sitzschiene oder Rückenlehne des Fahrersitzes oder das Lenkrad. Gleichzeitig kann das akustische Verhalten durch Mikrofone in der Nähe des Fahrerohrs erfasst werden. Durch die Verwendung eines Kunstkopfes ließe sich auch der Höreindruck aufzeichnen.

Die Beurteilung dieser Messwerte bezüglich ihrer Auswirkung auf das Komfortempfinden des Fahrers ist extrem komplex und bisher nicht befriedigend gelöst worden. Vor allem die Quantifizierung des akustischen Verhaltens des Fahrzeugs erweist sich dabei als sehr schwierig.

Zum einen fehlen geeignete Maßzahlen, mit denen der subjektive Eindruck durch objektive, messbare Größen dargestellt werden kann. So besteht etwa zwischen dem A-bewerteten Schalldruckpegel des Innenraumgeräusches vor allem bei Fahrzeugen mit Otto-Motor kein erkennbarer Zusammenhang zur Subjektivbeurteilung [69, S. 7]. Der Schalldruck allein ist nicht die ausschlaggebende Größe. Demgegenüber berücksichtigt zwar das von Callow und Hedges vorgeschlagene CRP[8]-Maß neben dem A-bewerteten Schalldruckpegel auch die spektrale Zusammensetzung [16, S. 42 ff.]. Allerdings eignet es sich durch die zeitliche Variation des Geräusches wenig zur Beurteilung von Dieselmotoren [56, S. 1295]. Letztlich ist das Wahrnehmungsverhalten zu komplex, um den subjektiven Höreindruck durch eine einzelne Größe zu charakterisieren.

Entsprechend sind eine Reihe von Maßen für eine feinere Beschreibung einzelner Eigenschaften des Innenraumgeräusches entwickelt worden. Dazu gehören neben Größen zur Quantifizierung des Pegels bzw. der Lautheit Signaleigenschaften wie der Scheitelfaktor [44, S. 227]. Außerdem gibt es Maße zur Beschreibung der Schärfe, Rauigkeit, Impulsivität, Fluktuationsstärke des Innenraumgeräusches sowie des Dröhnens oder Rumpelns.[9]

---

[8]CRP=Composite Rating of Preference.
[9]Für eine Zusammenstellung solcher Deskriptoren vgl. z. B. [94, S. 159 ff.].

Mit solchen Maßzahlen können die Subjektivbeurteilungen von Probanden durch lineare Modelle gut im Nachhinein erklärt werden ([28, S. 1017]; [93, S. 991 ff.]; [91, S. 264]). Allerdings besteht hier in hohem Maße die Gefahr des Datamining, d. h. es werden Modelle geschätzt, die trotz guter Wiedergabe der beobachteten Subjektivbeurteilungen nicht übertragbar sind. Beispielsweise werden bei unterschiedlichen Betriebszuständen gleicher Fahrzeuge andere Zusammenhänge entwickelt [56, S. 1296]. Hinzu kommt, dass die Subjektivbeurteilung für unterschiedliche Fahrzeugtypen (kompakte Limousine/sportliches Fahrzeug) durch eine andere Gewichtung der Maßzahlen beschrieben werden muss [102, S. 88f.].

Im Gegensatz zur tendenziell logarithmischen akustischen Wahrnehmung, ist der empfundene Diskomfort durch harmonische Vibrationen von 2 bis 80 Hz annähernd proportional zum Effektivwert der Beschleunigung [42, S. 49]. Ist die Amplitude aber z. B. moduliert, überschätzt der Effektivwert der Beschleunigung den Diskomfort tendenziell [53, S. 1087][10]. Auch wird bandbegrenztes Rauschen tendenziell als störender empfunden als ein Sinussignal mit der Mittenfrequenz des Rauschens und gleichem Effektivwert [41, S. 62][11].

Bei mehrdimensionalen Vibrationen wird der Betrag des Beschleunigungsvektors als geeignetes Maß angesehen [25, S. 150 f.]. Entsprechende Empfehlungen finden sich zusammen mit Angaben zur spektralen Gewichtung für unterschiedliche Kontaktbereiche bis 100 Hz auch im Britischen Standard BS6841:1987 [1, S. 7 ff. und 11 f.]. Oberhalb von 100 Hz ist der mit der Vibration einhergehende abgestrahlte Schall u. U. unangenehmer [43, S. 37].

Eine realistische Quantifizierung des Komforts müsste schließlich sowohl die Vibrationen als auch die Innenraumgeräusche gleichzeitig berücksichtigen. Zwar zeigen Untersuchungen eine Diskomfort-Äquivalenz zwischen einer Steigerung der Vibrationen um ein Dezibel und einer Vergrößerung des Schalldruckpegels um ca. 1,65 dB (berechnet aus [29, S. 459]) bzw. 1,84 − 1,87 dB [65, S. 549]. Derart einfache Ansätze erscheinen jedoch zur Bewertung eines Fahrzeugs insgesamt nicht geeignet, da schon der Schalldruckpegel allein die akustische Qualität nicht beschreiben kann. Hinzu kommt, dass auch hier mit Maskierungseffekten [110, S. 56 ff.] zu rechnen ist. Ein Fahrzeug wird bei niedrigem Geräuschpegel nur dann als akzeptabel empfunden, wenn auch die Vibrationen gering sind [3, S. 1199].

2.3.1 Quadratisches Bewertungskriterium

Wegen dieser Schwierigkeiten kann kein geeignetes Gütefunktional definiert werden. Daher wird in dieser Arbeit ein einfacher quadratischer Ansatz verwendet.

---

[10]Die Untersuchung erfolgte bei einer konstanten Frequenz von 8 Hz.
[11]Die Untersuchung bezieht sich auf den Frequenzbereich bis 20 Hz.

Ein-Aktor-System

Bei der Verwendung eines Aktors wird im Folgenden das quadratische Störungsmaß

$$J = \frac{1}{2} \sum_{\nu=1}^{N_n} \underbrace{\sum_{o=1}^{N_{MO}} \sum_{b=1}^{N_B} w_{\nu,o,b} \left| Y_{\nu,o,b}^{B} + G_{\nu,o,b}^{AB} X_{\nu,o} \right|^2}_{\tilde{J}_\nu} \tag{2.3}$$

verwendet. Der Vorfaktor von $\frac{1}{2}$ dient der direkten Umrechnung in Effektivwerte, da für sämtliche Signale Amplitudenzeiger verwendet werden.

In Gleichung 2.3 bezeichnet $Y_{\nu,o,b}^{B}$ das (komplexe) Signal im ungeregelten System für die Motorordnung o bei der diskreten Drehzahl n_ν am Bewertungspunkt b. Es ist wie in Abschnitt 2.2.1 (S. 9) beschrieben aus bei laufendem Motor und abgeschaltetem Aktor gemessenen Daten zu ermitteln. Der (komplexe) Frequenzgang $G_{\nu,o,b}^{AB}$ gibt an, wie der Spektralanteil der Aktorstellgröße $X_{\nu,o}$ der Motorordnung o für die Drehzahl n_ν zum Bewertungspunkt b übertragen wird.[12] Als Aktorstellgröße wird hier üblicherweise der Aktorstrom (als Amplitudenzeiger) und nicht die Aktorkraft verwendet. Der Strom ist leichter zu messen oder liegt auf dem Prozessrechner als Sollwert vor. Allerdings sind die Frequenzgänge durch unterschiedliche Verhältnisse zwischen Aktorstrom und Aktorkraft vom jeweiligen Aktortyp abhängig.[13]

Damit bezeichnet $\left| Y_{\nu,o,b}^{B} + G_{\nu,o,b}^{AB} X_{\nu,o} \right|$ den Betrag des am Bewertungspunkt b messbaren Signals bei der Drehzahl n_ν und der Motorordnung o mit eingeschaltetem aktiven System. In J werden die Reststörungen mit $w_{\nu,o,b}$ gewichtet zusammengefasst. Durch diese Gewichtung können physikalisch unterschiedliche Größen (z. B. Schalldruck und Beschleunigung) ineinander umgerechnet werden. Auch kann die Frequenzabhängigkeit des Vibrationsempfindens berücksichtigt werden. Schließlich können auch einzelne Betriebszustände (Motordrehzahl, Stellung des Schaltgetriebes, Lastzustand) nach auftretender Häufigkeit bzw. Dauer gewichtet werden.[14]

Insgesamt erfolgt eine Komfortbeurteilung damit an bzw. bei

- N_B Bewertungspunkten

- N_n *diskreten* Drehzahlen oder Betriebszuständen

- N_{MO} vorgegebenen Motorordnungen.

---

[12]Das hochgestellte B bei Y^B kennzeichnet, dass die Störung an einem Bewertungspunkt im Innenraum gemessen wird. Y^S bezeichnet entsprechend das Signal des zumeist im Motorraum montierten Fehlersensors. Analog ist G^{AB} der auf die Aktorstellgröße bezogene Frequenzgang des Signals am Bewertungspunkt und G^{AS} der auf die Stellgröße bezogene Frequenzgang des Fehlersensorsignals.

[13]Vgl. zum Übertragungsverhältnis zwischen der dem Aktorstrom proportionalen elektromagnetischen inneren Kraft und der in die Struktur eingeleiteten Aktorkraft Abschnitt 3.1.1 ab Seite 24.

[14]Bei unterschiedlichen Einwirkungsdauern T wird der empfundene Diskomfort bei harmonischen Schwingungen (Beschleunigungsamplitude $\hat{a}$) oft besser durch $\hat{a}^4 T$ als durch $\hat{a}^2 T$ beschrieben [42, S. 73]. Allerdings wird z. B. in [53, S. 1081 ff.] eine quadratische Abhängigkeit $\hat{a}^2 T$ festgestellt. Entsprechend ist das quadratische Störungsmaß J bei einer Gewichtung mit der Dauer u. U. nicht optimal.

Je nach Aufgabenstellung ist es u. U. erforderlich, das Fahrzeug bei einzelnen Betriebszuständen zu beurteilen. Dazu eignen sich die einzelnen Summanden $\tilde{J}_\nu$ in Gleichung 2.3.

Wird im Folgenden ein Vergleich von zwei Kriteriumswerten J und J_{ref} (z. B. bei ein- bzw. abgeschaltetem Aktor) in Dezibel angegeben, wird der quadratische Charakter von J durch

$$10 \log_{10} \frac{J_{\mathrm{ref}}}{J}$$

berücksichtigt. Eine Verringerung von J um $6\,\mathrm{dB}$ gegenüber J_{ref} ist damit äquivalent mit einer Viertelung von J bzw. einer Halbierung des Signals, aus dem J berechnet wird.

Mehraktorsystem

Verwendet man nicht nur einen sondern $N_A > 1$ Aktoren, ist das Störungsmaß J in

$$J = \frac{1}{2} \sum_{\nu=1}^{N_n} \sum_{o=1}^{N_{MO}} \underbrace{\left(\mathbf{Y}_{\nu,o}^B + \mathbf{G}_{\nu,o}^{AB} \mathbf{X}_{\nu,o}\right)^T \mathbf{W} \left(\mathbf{Y}_{\nu,o}^B + \mathbf{G}_{\nu,o}^{AB} \mathbf{X}_{\nu,o}\right)^*}_{\tilde{J}_\nu} \qquad (2.4)$$

zu erweitern. Statt der Frequenzgänge $G_{\nu,o,b}^{AB}$ in Gleichung 2.3 ist nun die $N_B \times N_A$ Frequenzgangmatrix

$$\mathbf{G}_{\nu,o}^{AB} = \begin{bmatrix} G_{\nu,o,1,1}^{AB} & G_{\nu,o,1,2}^{AB} & \cdots & G_{\nu,o,1,N_A}^{AB} \\ \vdots & \vdots & \ddots & \vdots \\ G_{\nu,o,N_B,1}^{AB} & G_{\nu,o,N_B,2}^{AB} & \cdots & G_{\nu,o,N_B,N_A}^{AB} \end{bmatrix}$$

zu verwenden.

Das Element $G_{\nu,o,b,a}^{AB}$ von $\mathbf{G}_{\nu,o}^{AB}$ ist damit der Frequenzgang zwischen der Aktorstellgröße am Aktorort a und der Reaktion am Bewertungspunkt b für die ν-te Drehzahl und die o-te Motorordnung. Die b-te Zeile von $\mathbf{G}_{\nu,o}^{AB}$ enthält alle Frequenzgänge von den einzelnen Aktororten zum Bewertungspunkt b. Die a-te Spalte liefert alle Frequenzgänge vom a-ten Aktorort zu sämtlichen Bewertungspunkten.

Analog sind auch die Signale $\mathbf{Y}_{\nu,o}^B$ von den N_B Bewertungspunkten im ungeregelten System und die Steuergrößen $\mathbf{X}_{\nu,o}$ für die N_A Aktoren in

$$\mathbf{Y}_{\nu,o}^B = \left[Y_{\nu,o,1}^B, \ldots, Y_{\nu,o,b}, \ldots, Y_{\nu,o,N_B}^B\right]^T \quad \text{bzw.} \quad \mathbf{X}_{\nu,o} = \left[X_{\nu,o,1}, \ldots, X_{\nu,o,a}, \ldots, X_{\nu,o,N_A}\right]^T$$

zusammengefasst. Schließlich enthält die Diagonalmatrix

$$\mathbf{W} = \mathrm{diag}\left(w_{\nu,o,1}, w_{\nu,o,2}, \ldots, w_{\nu,o,N_B}\right)$$

ähnlich zu Gleichung 2.3 die Gewichte $w_{\nu,o,b}$.

Bewertungspunkte

Bei den hier durchgeführten Untersuchungen ist der Absolutwert der Signale uninteressant. Vielmehr zählt die jeweilige Verbesserung durch das Einschalten des Aktors. So können für die Beurteilung des akustischen Verhaltens Spannungen von vier unkalibrierten Mikrofonen an den vier Kopfstützen verwendet werden. Das Schwingungsverhalten wird mit triaxialen Beschleunigungsaufnehmern an der Spritzwand zwischen den Pedalen sowie am Bodenblech an der Fahrersitzschiene gemessen (Abbildung 2.1). Damit kann das Vibrationsverhalten im Fußraum bzw. die in den Sitz eingeleiteten Vibrationen beschrieben werden. Das tatsächliche Komfortempfinden im Fußraum wird allerdings zusätzlich durch den Teppichboden auf der Spritzwand beeinflusst. Ebenso wird die Wahrnehmung der über die Sitzschiene eingeleiteten Vibrationen durch den Fahrer von der Sitzübertragungsfunktion[15] beeinflusst. Diese variiert u. U. stark zwischen einzelnen Personen [12, S. 221 f.].

2.3.2 Komfortbezug des Kriteriums

Die Minimierung des quadratischen Störungsmaßes J führt letztlich zu einer Minimierung des Effektivwerts von Einzelgrößen bzw. des geometrischen Mittelwerts der Effektivwerte mehrerer Signale. Durch die Möglichkeit, die Frequenzabhängigkeit der Wahrnehmung durch Gewichtungsfaktoren zu berücksichtigen, ist dieser relativ einfache Ansatz zumindest in Bezug auf die Vibrationswahrnehmung vertretbar. Hinsichtlich der akustischen Qualität ist er allerdings wenig geeignet, die Beurteilung des Fahrers adäquat zu beschreiben. Dies liegt zum einen an der logarithmischen Wahrnehmung, die durch einen quadratischen Zusammenhang nicht wiedergegeben werden kann. Zum anderen können Maskierungseffekte nicht erfasst werden.

So können mit den einzusetzenden aktiven Tilgern nur einige Spektralanteile, wie die zweite, vierte oder sechste Motorordnung beeinflusst werden. Damit sind die höherfrequenten Spektralanteile unverändert. Durch Maskierungseffekte muss jedoch eine Beruhigung im unteren Frequenzbereich nicht zwangsläufig auch den subjektiven Gesamteindruck verbessern. Z. B. tritt bei einem Diesel dann das Nageln deutlicher hervor. Auch werden Windgeräusche in Elektroautos bei niedrigen Geschwindigkeiten als lauter empfunden als in baugleichen Fahrzeugen mit Verbrennungsmotor [87, S. 362]. Ebenso können bisher gut überdeckte Geräusche von Hilfsaggregaten wie der Kraftstoffpumpe oder der Lüftung hörbar werden.

Entsprechend wird z. B. der Einsatz von einem Antischall-System bei unterschiedlichen Testsignalen[16] in einer Untersuchung von de Diego *et al.* [20, S. 3227] zwar in 70 % aller Fälle von den Testpersonen als Verbesserung angesehen. In immerhin 20 % aller Fälle wird das Einschalten des aktiven Systems jedoch als Verschlechterung empfunden.

Gleichwohl werden durch die Wahl eines quadratischen Bewertungskriteriums analytische Berechnungen einfach. Für beliebige andere Ansätze lassen sich die entsprechenden Probleme allerdings auch numerisch lösen. Letztlich ist die Definition des Auslegungsziels Aufgabe des Anwenders und kann hier nicht abschließend geklärt werden.

---

[15]Diese Übertragungsfunktion beschreibt das Übertragungsverhältnis zwischen der Beschleunigung der Sitzschiene als Anregung und der Beschleunigung der Sitzfläche.

[16]Aufgezeichnete Motorgeräusche, synthetisches Rauschen, synthetische periodische Signale.

2.4 Modelle zur Steuerung und Regelung

2.4.1 Ideale Regelung

Definition

Das primäre Anliegen dieses Forschungsvorhabens bestand darin, für ein bereits entwickeltes Steuergerät zur aktiven Schwingungskompensation geeignete Aktor- und Fehlersensororte zu bestimmen. Fragen der Strukturoptimierung der Regelung wie beispielsweise der Einsatz einer modalen Regelung (z. B. [52, S. 272 f.]) sollten nicht untersucht werden.[17]

Die genaue Funktionsweise des Steuergerätes ist nicht bekannt. Vom Prinzip her basiert es darauf, die Koeffizienten eines nicht-rekursiven zeitdiskreten Filters so zu adaptieren, dass die Ausgangsgröße des Filters über den Aktor das Signal eines sogenannten *Fehlersensors* kompensiert. Da das Filter linear ist, muss das Eingangssignal des Filters alle zu kompensierenden Spektralanteile aufweisen. Das kurbelwellensynchrone Rechtecksignal mit Zündfrequenz aus dem Motorsteuergerät (siehe Abschnitt 2.2.1, S. 8) eignet sich dazu nicht direkt. Als Rechtecksignal weist es nur ungeradzahlige Harmonische auf [15, S. 611]. Entsprechend wäre nur die Kompensation der zweiten, sechsten, zehnten usw. Motorordnung durch das Filter möglich. Erst durch eine nichtlineare Transformation des Rechtecksignals, z. B. in einen gleichfrequenten Sägezahn[18], kann das Filter auch die vierte, achte, zwölfte usw. Motorordnung beeinflussen.

Der Ort und die Ausrichtung des Fehlersensors sind Bestandteil des Optimierungsprozesses. Typischerweise handelt es sich dabei um einen uniaxialen Beschleunigungssensor, der in Aktornähe, d. h. im Motorraum, montiert wird. Das Fehlersensorsignal dient damit als Ersatzmessgröße [33, S. 105] für das eigentlich zu optimierende Verhalten des Fahrzeugs im Innenraum. Eine Montage des Fehlersensors im Innenraum läge nahe, da das Filter dann direkt den Bewertungspunkt beruhigen würde. Die Verlagerung des Fehlersensors vom Motor- in den Innenraum vergrößert die Phase des Frequenzgangs zwischen dem Aktorstrom als Anregung und dem Fehlersensorsignal jedoch um 2π bis 6π bei 300 Hz. Entsprechend scheitert die Adaption des Filters auf das Fehlersensorsignal für einen am Bewertungspunkt montierten Fehlersensor zumeist infolge der längeren Signallaufzeiten.

In einer Simulation lassen sich die der Realität am nächsten kommenden Ergebnisse durch den Einsatz des tatsächlich verwendeten Algorithmus erreichen. Da dieser jedoch nicht offen gelegt wurde, wird hier in den Berechnungen eine ideale Regelung angenommen. Diese ist dadurch definiert, dass sie das Signal des Fehlersensors exakt auf null stellt.

---

[17]Wegen der hohen modalen Dichte wäre diese nur für bestimmte lokale Eigenformen oder niedrige Eigenfrequenzen geeignet.

[18] Kennzeichen: lineares Ansteigen des Signals über die gesamte Periodendauer mit senkrechtem Abfall am Ende.

Berechnung

Mit dem Signal des uniaxialen Fehlersensors $Y_{\nu,o}^S$ im ungeregelten System und dem Frequenzgang zwischen der Aktorstellgröße und dem Fehlersensorsignal als Reaktion $G_{\nu,o}^{AS}$ ergibt sich die Stellgröße bei einem Aktor für die ideale Regelung bei der Motorordnung o und der Drehzahl n_ν zu[19]

$$X_{\nu,o} = -\frac{Y_{\nu,o}^S}{G_{\nu,o}^{AS}}. \tag{2.5}$$

Fragen der Kausalität und Stabilität von $G_{\nu,o}^{AS-1}$ sind dabei für eine idealisierte Berechnung irrelevant, sofern das reale System das Fehlersensorsignal ausreichend kompensiert.

Zulässigkeit der Annahme einer idealen Regelung

Die Annahme einer idealen Regelung ist gerechtfertigt, wenn die berücksichtigten Motorordnungen im Signal des Fehlersensors ausreichend unterdrückt werden. Im Experiment ist jeweils nur die Amplitude des Frequenzanteils der o-ten Motorordnung des verbleibenden Fehlersensorsignals $|Y_{\nu,o,\mathrm{Rest}}^S|$ im geregelten System messbar. Diese sei das k-fache der Amplitude im ungeregelten System $|Y_{\nu,o}^S|$. Mit dem Zeigerdiagramm in Abbildung 2.4 kann mit der realen Stellgröße $X_{\nu,o}^r$ und dem Frequenzgang zwischen der Stellgröße als Anregung und dem Fehlersensorsignal $G_{\nu,o}^{AS}$ aus

$$\left|\frac{Y_{\nu,o,\mathrm{Rest}}^S}{Y_{\nu,o}^S}\right| = \left|\frac{Y_{\nu,o}^S + G_{\nu,o}^{AS} X_{\nu,o}^r}{Y_{\nu,o}^S}\right| = k \tag{2.6}$$

die Abschätzung $||Y_{\nu,o}^S| - |-G_{\nu,o}^{AS} X_{\nu,o}^r|| \leq k|Y_{\nu,o}^S|$ abgelesen werden. Eine ideale Regelung würde statt der realen Stellgröße $X_{\nu,o}^r$ die ideale Stellgröße $X_{\nu,o}^i = -G_{\nu,o}^{AS-1} Y_{\nu,o}^S$ erzeugen. Entsprechend ergibt sich aus Abbildung 2.4 und Gleichung 2.6

$$||X_{\nu,o}^i| - |X_{\nu,o}^r|| \leq k|X_{\nu,o}^i| \quad \text{und} \quad |\Delta\varphi| = |\operatorname{Arc} X_{\nu,o}^i - \operatorname{Arc} X_{\nu,o}^r| \leq \arcsin k = \Delta\varphi_{\max}.$$

Wird das ursprüngliche Fehlersensorsignal z. B. um 20 dB reduziert, weichen die Amplituden der idealen und der tatsächlichen Stellgröße um maximal 10 % ab. Die Phasen unterscheiden sich um weniger als 6°. Gleiche Unterschiede ergeben sich für diese Stellgröße zwischen dem idealen und dem tatsächlichen Signal am Bewertungspunkt.

Tatsächlich erreicht das für einen Serieneinsatz vorgesehene System vor allem für die zweite Motorordnung eine erheblich höhere Verringerung von bis zu 37 dB [99, S. 257]. Der hier eingesetzte Filtered-X-LMS-Algorithmus (s. u.) verringert das Fehlersensorsignal im Experiment teilweise sogar um 40 dB. Damit ist die Annahme einer idealen Regelung zumeist zulässig.

Zu beachten ist, dass die Bezeichnung „ideal" nur auf die Kompensation des Fehlersensorsignals zutrifft. Über das Komfortverhalten sagt dies, anders als bei der in Abschnitt 2.4.2 definierten optimalen Steuerung, nichts aus. Auch können sich durch die Idealisierung unrealistisch große Stellgrößen ergeben. Dies ist bei den Berechnungen im Einzelfall zu prüfen.

---

[19]Die Untersuchungen mit der idealen Regelung beschränken sich auf ein Ein-Aktorsystem. Bei der Verwendung von je einem Fehlersensor pro Aktor lässt sich der Ansatz leicht auf ein Mehraktorsystem erweitern.

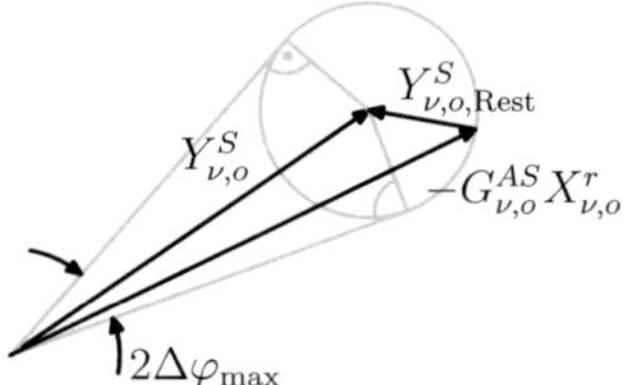

Abbildung 2.4: Zeigerbild mit dem Fehlersensorsignal im ungeregelten System $Y^S_{\nu,o}$, dem durch die Regelung hervorgerufenen Fehlersensorsignal $G^{AS}_{\nu,o} X^r_{\nu,o}$ sowie dem Restsignal im geregelten System $Y^S_{\nu,o,\text{Rest}}$. $\Delta\varphi$ bezeichnet die Phasenabweichung zwischen der Störung $Y^S_{\nu,o}$ und dem Kompensationssignal $-G^{AS}_{\nu,o} X^r_{\nu,o}$ und damit zwischen der idealen und der realen Stellgröße.

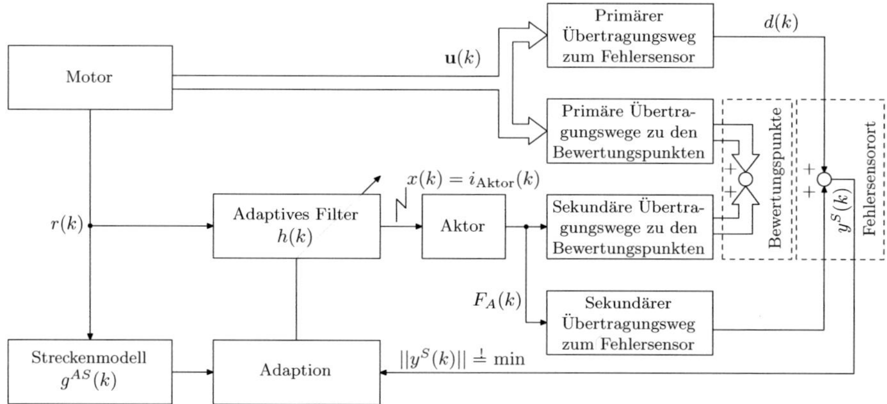

Abbildung 2.5: Prinzipbild des Filtered-X-LMS Algorithmus. Das adaptive Filter erzeugt aus dem kurbelwellensynchronen Referenzsignal $r(k)$ den Aktorstrom $x(k)$. Am Fehlersensorort und an den Bewertungspunkten überlagert sich dieses Signal mit der ursprünglichen Störung $\mathbf{u}(k)$ vom Motor. Adaptionsziel des Filters ist die Minimierung des Fehlersensorsignals $y^S(k)$ am Fehlersensorort. Auslegungsziel des Systems ist eine Beruhigung der Bewertungspunkte.

Experimentelle Umsetzung

Für die experimentellen Ergebnisse dieser Arbeit wurde eine einfache Realisierung des verbreiteten Filtered-X-LMS-Algorithmus verwendet.

Das Prinzipbild ist in Abbildung 2.5 dargestellt. Aus einem aus dem kurbelwellensynchronen Rechtecksignal des Motorsteuergerätes abgeleiteten sägezahnförmigen Referenzsignal $r(k)$ erzeugt das zu adaptierende Filter (Impulsantwort $h(k)$, Filterlänge L) den Aktorstrom $x(k)$. Die damit verbundene Aktorkraft führt zu einer Bewegung am Fehlersensorort, die sich mit den Motorstörungen $d(k)$ überlagert. Die Summe wird als Fehlersensorsignal $y^S(k)$ gemessen. Die Aktualisierungsregel (z. B. [11, S. 511], [38, S. 25]) ergibt sich zu

$$\mathbf{h}(k+1) = \mathbf{h}(k) - \mu y^S(k)\boldsymbol{\xi}(k).$$ (2.7)

Dabei enthält $\boldsymbol{\xi}(k) = [\xi(k), \xi(k-1), \ldots, \xi(k-L+1)]$ mit $\xi(k) = g^{AS}(k) * r(k)$ die mit dem Streckenmodell $g^{AS}(k)$ gefalteten Werte des Referenzsignals $r(k)$. Das Streckenmodell $g^{AS}(k)$ vom Prozessrechner über das Fahrzeug zum Kompensationspunkt muss dabei im Vorfeld, z. B. vor dem Losfahren, identifiziert werden.

Idealerweise werden die Filterkoeffizienten solange aktualisiert, bis das Referenzsignal $r(k)$ und das Fehlersensorsignal $y^S(k)$ unkorreliert sind. Durch eine geeignete Wahl der Schrittweite μ kann die Konvergenzgeschwindigkeit eingestellt und die Stabilität des Systems sichergestellt werden.

2.4.2 Optimale Steuerung

Motivation und Definition

Gehen die Signale von mehreren Bewertungspunkten in das Kriterium J ein ($N_B > 1$ in Gleichung 2.3 auf Seite 13), lassen sich mit einem Aktor i. Allg. nicht alle Bewertungspunkte vollständig beruhigen. Entsprechend stellt sich immer die Frage, ob eine berechnete Verbesserung unter der Annahme einer idealen Regelung tatsächlich das maximal Mögliche ist.

Bei vollständiger Kenntnis des Übertragungsverhaltens und der Störungen lassen sich jedoch immer für jeden Spektralanteil Betrag und Phase einer harmonischen Stellgröße ermitteln, die das zugrundegelegte Bewertungskriterium optimieren. Ein System, das diese Stellgrößen für die jeweiligen Drehzahlen stellt, wird im Folgenden analog zu [31, S. 43f.] als *optimale Steuerung* bezeichnet. Kein System, nach welcher Strategie es auch funktionieren mag, kann die optimale Steuerung übertreffen.

Die optimalen Steuergrößen $\mathbf{X}_{\nu,o}$ ergeben sich für jede Drehzahl n_ν und Motorordnung o als Minimum von (vgl. Gleichung 2.4, S. 14)

$$J = \sum_{\nu=1}^{N_n} \sum_{o=1}^{N_{MO}} \left(\mathbf{Y}_{\nu,o}^B + \mathbf{G}_{\nu,o}^{AB}\mathbf{X}_{\nu,o}\right)^T \mathbf{W} \left(\mathbf{Y}_{\nu,o}^B + \mathbf{G}_{\nu,o}^{AB}\mathbf{X}_{\nu,o}\right)^*.$$

Die Bedingungen erster Ordnung[20] bei einer symmetrischen Gewichtungsmatrix $\mathbf{W}$

$$\frac{\partial J}{\partial \operatorname{Re}(\mathbf{X}_{\nu,o})} = 2\operatorname{Re}(\mathbf{G}_{\nu,o}^{AB*T}\mathbf{W}\mathbf{Y}_{\nu,o}^B) + 2\operatorname{Re}(\mathbf{G}_{\nu,o}^{AB*T}\mathbf{W}\mathbf{G}_{\nu,o}^{AB}\mathbf{X}_{\nu,o}) = 0$$

$$\frac{\partial J}{\partial \operatorname{Im}(\mathbf{X}_{\nu,o})} = 2\operatorname{Im}(\mathbf{G}_{\nu,o}^{AB*T}\mathbf{W}\mathbf{Y}_{\nu,o}^B) + 2\operatorname{Im}(\mathbf{G}_{\nu,o}^{AB*T}\mathbf{W}\mathbf{G}_{\nu,o}^{AB}\mathbf{X}_{\nu,o}) = 0$$

---

[20] Die Schreibweise $\dfrac{\partial f}{\partial \mathbf{x}}$ für den Vektor $\mathbf{x} = [x_1, x_2, \ldots, x_N]^T$ bedeutet hier analog zu z. B. [31, S. 60]
$$\frac{\partial f}{\partial \mathbf{x}} = \left[\frac{\partial f}{\partial x_1}, \frac{\partial f}{\partial x_2}, \ldots, \frac{\partial f}{\partial x_N}\right]^T.$$

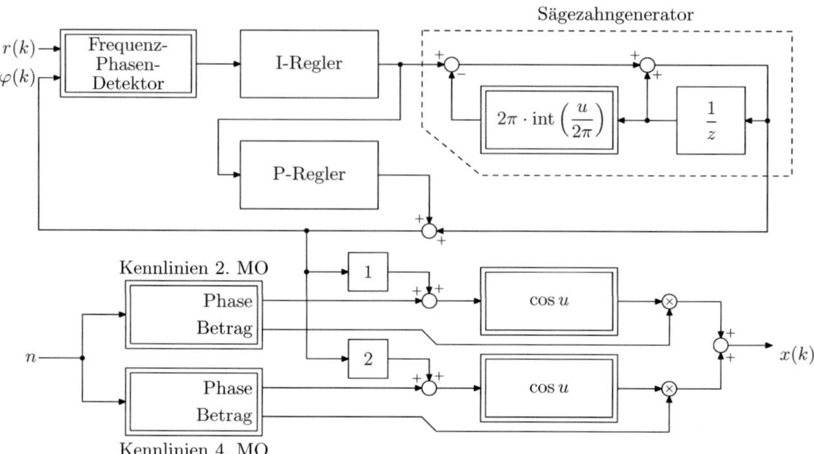

Abbildung 2.6: Blockschaltbild für eine kurbelwellensynchrone Steuerung zur Stellung der zweiten und vierten Motorordnung. Der Phasenregelkreis führt das Sägezahnsignal $\varphi(k)$ (Rampenhöhe 2π) phasenstarr zum kurbelwellensynchronen Rechtecksignal aus dem Motorsteuergerät $r(k)$ nach. In Abhängigkeit der Motordrehzahl n werden aus $\varphi(k)$ die einzelnen Spektralanteile der Stellgröße $x(k)$ (hier der Aktorstrom) synthetisiert. Der Betrag und die Phasenlage der Spektralanteile sind in Kennlinien als Funktion der Motordrehzahl abgelegt. Nach der Ermittlung der Kennlinien arbeitet das System sensorlos. Die Funktion $\mathrm{int}(u)$ liefert den ganzzahligen Rest einer reellen Zahl u.

werden durch

$$\mathbf{X}_{\nu,o}^{opt} = - \left(\mathbf{G}_{\nu,o}^{AB*T} \mathbf{W} \mathbf{G}_{\nu,o}^{AB} \right)^{-1} \mathbf{G}_{\nu,o}^{AB*T} \mathbf{W} \mathbf{Y}_{\nu,o}^{B} \tag{2.8}$$

erfüllt.

Für den Fall *eines* Aktors vereinfacht sich dies zu

$$X_{\nu,o}^{opt} = - \frac{\displaystyle\sum_{b=1}^{N_B} w_{\nu,o,b} G_{\nu,o,b}^{AB\,*} Y_{\nu,o,b}^{B}}{\displaystyle\sum_{b=1}^{N_B} w_{\nu,o,b} \left| G_{\nu,o,b}^{AB} \right|^2}. \tag{2.9}$$

Umsetzung für das Experiment

Zur experimentellen Umsetzung sind zunächst die Bewertungspunktsignale bei ausgeschaltetem Aktor im Fahrzeug zu messen. Aus den Zeitsignalen ist wie auf Seite 9 beschrieben der Vektor $\mathbf{Y}_{\nu,o}^{B}$ zu ermitteln. Anschließend können die Stellgrößen nach Gleichung 2.8 bzw. 2.9

berechnet und für jede Motorordnung als Funktion der Motordrehzahl in Kennlinien abgelegt werden. Um aus diesen Kennlinienwerten dann im Fahrzeug die entsprechende Stellgröße zu generieren, sind für jede Motorordnung einzeln harmonische Funktionen mit den entsprechenden Frequenzen und den vorgegebenen Amplituden und Phasenwinkeln zu erzeugen. Anschließend sind die Einzelkomponenten zur gesamten Stellgröße zu überlagern.

Zur Erzeugung der Phase $\varphi(k)$, aus der die harmonischen Funktionen gebildet werden, wird in den nachfolgenden Experimenten ein Sägezahngenerator (Rampenhöhe 2π) mit dem Rechtecksignal des Motorsteuergerätes $r(k)$ synchronisiert (Abbildung 2.6). Der Sägezahngenerator wird dazu mit einem Frequenz-Phasen-Detektor[21] zur Bestimmung der Phasen- und Frequenzabweichung zwischen dem Rechtecksignal und dem Sägezahnsignal $\varphi(k)$ phasengeregelt. Durch Addition der in Kennlinien abgelegten Phasendifferenz lässt sich eine harmonische Funktion mit einer festen Phasenbeziehung zum Kurbelwellenwinkel erzeugen. Diese kann dann mit dem ebenfalls in Kennlinien abgelegten Betrag der Stellgröße skaliert werden.

Dabei hat sich gezeigt, dass sich glattere Kennlinienverläufe ergeben, wenn man den Aktorstrom in Real- und Imaginärteil zerlegt und nicht nach Betrag und Phase abspeichert. Betrag und Phase sind daher zur Laufzeit aus den Real- und Imaginärteilen zu berechnen.

Als Kennlinien werden die in Abschnitt 4.5 beschriebenen lokal linearen Modelle verwendet. Offline werden die Kennlinien durch den in Abschnitt 4.5.2 erläuterten Ausgleich der für einzelne Drehzahlen berechneten Steuergrößen ermittelt. Nach der Festlegung der Kennlinien arbeitet das System sensorlos. Die Kennlinien lassen sich allerdings auch nachträglich im Betrieb („online") unter Einsatz von Sensoren im Innenraum adaptieren (Kapitel 7). Für den Einsatz im Fahrzeug können weiterhin für unterschiedliche Fahrzustände wie z. B. Stellungen eines Schaltgetriebes oder der Drosselklappe eigene Kennlinien verwendet werden.

Im Vergleich zum adaptiven Filter ergeben sich eine Reihe von Vor- und Nachteilen:

+ Die Anpassung an eine Drehzahländerung wird allein durch den Phasenregelkreis beeinflusst und ist sehr gut.

+ Werden nur wenige Motorordnungen beeinflusst, ist der Rechenaufwand sehr gering.

+ Das System ist bei fest vorgegebenen Kennlinien immer stabil.

+ Die Auslegung sowie ggf. die Adaption kann direkt für bzw. auf die Signale von den komfortrelevanten Stellen erfolgen.

− Ohne eine Adaption sind die Steuerkennlinien infolge von Alterung, Erwärmung oder Exemplarstreuungen der Fahrzeuge u. U. nur suboptimal.

− Auch mit einer Adaption wird die Anpassungsgeschwindigkeit nicht so groß sein wie bei dem adaptiven Filter. Eine Anpassung an relativ schnelle Veränderungen wie unterschiedliche Lastsituationen gelingt nicht.

---

[21]Der hier eingesetzte Frequenz-Phasen-Detektor ist eine selbstprogrammierte SIMULINK-Implementierung des im PLL-Baustein 4046 der CMOS-Logikfamilie verwendeten Detektors [79, S. 5-141 bis 5-148]. Eine Erläuterung findet sich z. B. in [34, S. 123f.].

Kapitel 3

Aktor- und Fehlersensorplatzierung

Der Aktor- und Sensorplatzierung kommt bei der aktiven Schwingungskompensation eine wichtige Rolle zu. Mit zufällig verteilten Aktoren und zufällig ausgewählten Kompensations- bzw. Fehlersensororten ergibt sich nur mit einer geringen Wahrscheinlichkeit eine Reduktion der Schwingungsenergie gegenüber dem ungeregelten System [21, S. 131]. Entsprechend wäre im Fahrzeug keine Verbesserung an den Bewertungspunkten im Innenraum zu erwarten.

Eine optimierte Platzierung von Aktoren und Fehlersensoren kann über zwei unterschiedliche Ansätze erfolgen. Zum einen kann aus einer Menge vorgegebener Stellen, an denen Aktoren und Fehlersensoren montiert werden können, die jeweils beste Kombination von Aktor- und Sensorort ausgewählt werden. Zum anderen ist eine kontinuierliche Verschiebung von Aktoren oder Fehlersensoren entlang der Struktur denkbar. Die Beurteilung der einzelnen Lösungen erfolgt dabei jeweils an Hand einer zugrundegelegten Zielfunktion wie Gleichung 2.3 von Seite 13. Die Beobachtbarkeit und Steuerbarkeit [30, S. 442 ff.], zu deren Quantifizierung eine Reihe von Maßzahlen für Systeme in Zustandsraumdarstellung entwickelt wurden[1], wird indirekt erfasst. Lösungen mit geringer Steuerbarkeit erfordern sehr große Stellgrößen. Über die Berücksichtigung einer Stellgrößenbeschränkung werden Extremfälle mit geringer Steuerbarkeit unzulässig. Sind wesentliche Zustände des Fahrzeugs durch den oder die Sensoren nicht beobachtbar, wird das aktive System nicht zu einer Verbesserung führen. Entsprechend weisen diese Lösungen große Werte des zu minimierenden Störungsmaßes J auf.

Die Auswahl optimaler Kombinationen von Aktor- und Fehlersensororten wird vor allem bei Antischall-Anwendungen angewendet [75, S. 135 ff.]. Dabei liefert nur eine simultane Optimierung von Aktor- und Sensorpositionen ein optimales Ergebnis. So ist z. B. die optimale Aktorposition in einem Ein-Aktorsystem typischerweise nicht unter den besten Orten eines Zwei-Aktorsystems enthalten [92, S. 404]. Angesichts einer oft relativ großen Zahl von Aktoren (Lautsprechern) und Fehlersensoren (Mikrofonen) können zumeist nicht sämtliche Kombinationen von Aktor- und Sensororten analysiert werden. Stattdessen finden oft heuristische Ansätze wie Genetische Algorithmen (z. B. [62, S. 697 ff.], [95, S. 169 ff.]) oder das Verfahren des Simulated Annealing Anwendung.[2]

---

[1] Für Systeme in Zustandsraumdarstellung lassen sich diese Maße auch für eine Aktor- und Sensorplatzierung auswerten (vgl. z. B. [71, S. 1821 f.], [17, S. 430 f.], [64, S. 898]).

[2] Für einen Überblick zu den Optimierungsverfahren vgl z. B. [88, S. 1-15] oder [7, S. 252-257].

Daneben gibt es für Antischallanwendungen Ansätze zur kontinuierlichen Verbesserung der Aktororte. Dazu wird die Zielfunktion [80, S. 13 ff.] oder die Übertragungsfunktion [10, S. 501] durch Taylorreihenentwicklung aus gemessenen Werten an weiteren Positionen ermittelt und entsprechend optimiert (sog. Diffuse Approximation [80, S. 13 ff.]). Lösungen des Auswahlproblems können dabei als Startwerte für die kontinuierliche Verbesserung verwendet werden [9, S. 141 ff.].

Bei der hier vorliegenden Aufgabe ergeben sich durch mangelnden Bauraum nur wenige Stellen, an denen der Aktor montiert werden kann. Hinzu kommen Schwierigkeiten durch die Rückwirkung der Struktur auf die tatsächliche Aktorkraft (siehe Abschnitt 3.1.2). Damit scheidet die relativ anschauliche Wahl des Aktorortes an Hand der lokalen Schwingungsform einzelner Fahrzeugteile wie dem Subframe[3] aus. Entsprechend wird eine kontinuierliche Verbesserung zumindest im engeren Sinne nicht weiter untersucht. Gleichwohl ergibt sich bei der Montage des Aktors mit der räumlichen Ausrichtung ein zusätzlicher Freiheitsgrad, der bei den Untersuchungen zum Antischall in diesem Ausmaß nicht zur Verfügung steht. Anstelle einer kontinuierlichen Verschiebung oder dem rein kombinatorischen Optimierungsproblem wird daher das Auswahlproblem verbunden mit einer kontinuierlichen Drehung der Aktorachse betrachtet.

Die relativ kleinen Fehlersensoren lassen sich zwar nahezu beliebig im Fahrzeug verteilen. Anstelle der kontinuierlichen Verbesserung der Sensororte wird jedoch in Abschnitt 4 die erfolgversprechendere drehzahlabhängige Ausrichtung des Fehlersensors näher untersucht.

Im Folgenden werden zunächst die verwendeten Aktoren erläutert und die Rückwirkung der Struktur auf die erzeugte Aktorkraft untersucht. Danach wird eine Methode zur experimentellen Bestimmung des Übertragungsverhaltens bei vorab unbekannter Aktor- und Sensorausrichtung entwickelt. Mit diesen Ergebnissen werden optimale Aktor- und Fehlersensorpositionen berechnet und die erreichbaren Verbesserungen in der Simulation und im Experiment analysiert.

3.1 Verwendete Aktoren

3.1.1 Prinzip der eingesetzten Aktoren

Abbildung 3.1 zeigt ein Prinzipbild der hier eingesetzten Aktoren mit der Masse m_N. Das dynamische Verhalten des Aktors wird mit der mechanischen Impedanz

$$Z_m = -\frac{F_{Ch}}{sX_2}$$

der Montagefläche durch die Gleichungen

$$(m_N s^2 + sd + c)X_1 = (c + sd)X_2 + F_A \tag{3.1}$$

$$(m_S s^2 + sd + c)X_2 = (c + sd)X_1 - F_A + F_{Ch} \tag{3.2}$$

---

[3]Siehe Abbildung 3.6 auf Seite 34.

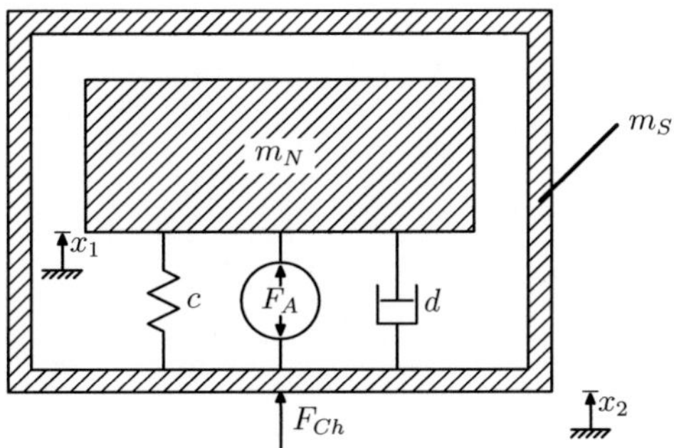

Abbildung 3.1: Prinzipbild des verwendeten Aktors

im Laplacebereich (komplexe Frequenz s) beschrieben. Auflösen und Umformen liefert mit

$$\omega_0 = \sqrt{\frac{c}{m_N}} \quad \text{und} \quad D = \frac{d}{2\sqrt{c\,m_N}}$$

den Zusammenhang zwischen der durch das elektrische System erzeugten Kraft F_A und der in das Chassis eingeleiteten Kraft

$$F_{Ch} = \frac{s^2 m_N}{s^2 m_N + sd + c + \dfrac{m_S m_N s^3 + (m_S + m_N)ds^2 + (m_N + m_S)cs}{Z_m}} F_A$$

$$= \frac{1}{1 + 2D\dfrac{\omega_0}{s} + \left(\dfrac{\omega_0}{s}\right)^2 + \dfrac{m_S m_N s^2 + (m_S + m_N)(ds + c)}{s m_N Z_m}} F_A.$$

Wird der Aktor an einem leichten oder sehr nachgiebigen Teil wie einem Träger montiert, muss die Masse des Aktorgehäuses m_S mit berücksichtigt werden. Mit den Abkürzungen

$$\omega_0^* = \omega_0 \sqrt{1 + \frac{m_N}{m_S}} \quad \text{und} \quad D^* = D\sqrt{1 + \frac{m_N}{m_S}}$$

reduziert sich der Zusammenhang auf

$$F_{Ch} = \frac{1}{1 + 2D\dfrac{\omega_0}{s} + \left(\dfrac{\omega_0}{s}\right)^2 + s\dfrac{m_s}{Z_m}\left(1 + 2D^*\dfrac{\omega_0^*}{s} + \left(\dfrac{\omega_0^*}{s}\right)^2\right)} F_A \qquad (3.3)$$

bzw. bei Vernachlässigung der Gehäusemasse m_S auf

$$F_{Ch} = \frac{1}{1 + 2D\dfrac{\omega_0}{s} + \left(\dfrac{\omega_0}{s}\right)^2 + \dfrac{ds + c}{s Z_m}} F_A.$$

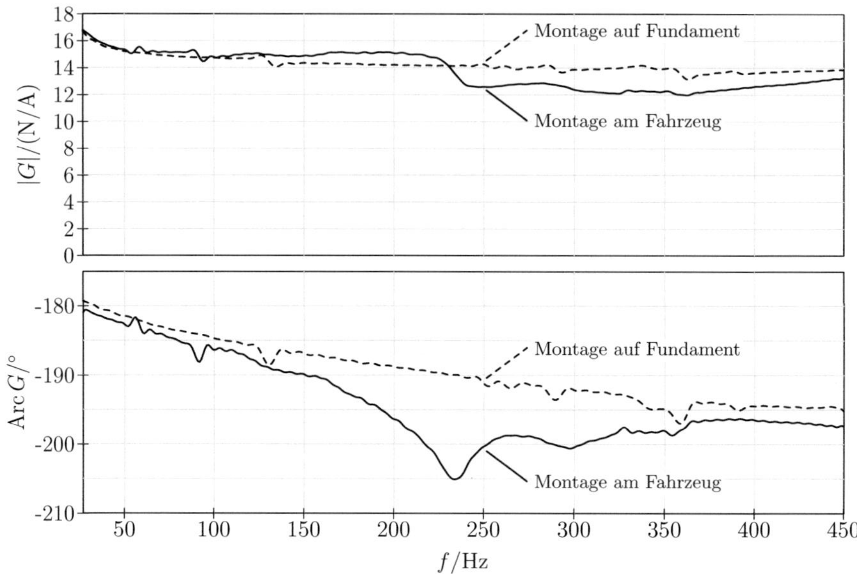

Abbildung 3.2: Frequenzgänge der Aktorkraft bezogen auf den Aktorstrom für einen auf einem Fundament (gestrichelt) und einen am linken Motorlager des Testfahrzeugs montierten Aktor (durchgezogen).

Beides stimmt nur für den Fall einer sehr großen Impedanz Z_m für kleine Frequenzen $s = j\omega$ mit dem z. B. in [50, S. 327] angegebenen Zusammenhang

$$F_{Ch} = \frac{1}{1 - \left(\dfrac{\omega_0}{\omega}\right)^2 - j2D\dfrac{\omega_0}{\omega}} F_A$$

überein.[4]

Tatsächlich ergeben sich Rückwirkungen durch die Dynamik der Struktur. Entsprechend wird die in die Struktur eingeleitete Kraft sehr klein, wenn die entsprechende Impedanz Z_m ebenfalls sehr klein ist. Letzteres ist vor allem im Schwingungsbauch einer Eigenform gegeben, der deshalb ein sehr ungünstiger Aktorort sein kann. Würde man den Aktor dort montieren, ließe sich zwar die lokale Querschwingung des Trägers, an dem der Aktor montiert ist, bedämpfen. Allerdings ist es vielleicht nicht mehr möglich, eine ausreichende Kraft zur Beruhigung der Bewertungspunkte im Innenraum in das Fahrzeug einzuleiten.

Demgegenüber unterscheiden sich die Frequenzgänge des auf einem Fundament bzw. am linken Motorlager des Testfahrzeugs montierten Aktors nur leicht (vgl. Abbildung 3.2).

---

[4]Dieser Fall ist z. B. gegeben, wenn man den Aktor auf einem Fundament mit großer Masse montiert, so dass der Quotient Z_m/s weitgehend der Masse m_F des Fundamentes entspricht. Entsprechend gilt dann $s m_s/Z_m = m_s/m_F \ll 1$ in Gleichung 3.3.

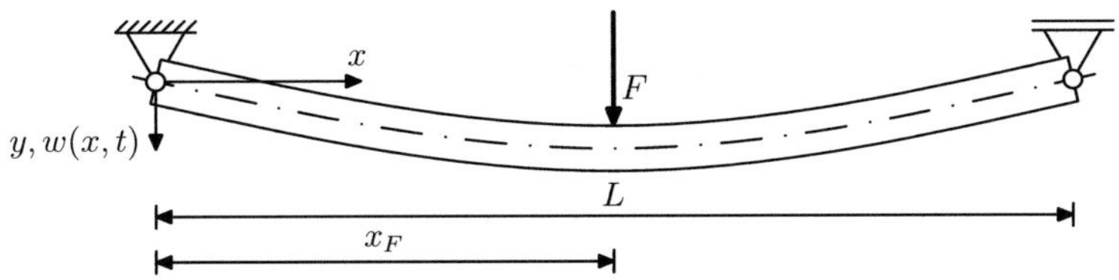

Abbildung 3.3: Biegebalken mit beidseitiger gelenkiger Lagerung

3.1.2 Modaltheoretische Überlegungen zur Aktorplatzierung

Um die Rückwirkung der Aktormasse und die Auswirkungen auf eine Positionierung des Aktors entlang der elastischen Struktur näher zu untersuchen, wird der in Abbildung 3.3 dargestellte Biegebalken betrachtet. Dabei handelt es sich um einen stark vereinfachten Ausschnitt eines balkenförmigen Elementes aus der Karosserie an das der Aktor montiert werden soll. Eine mögliche Anwendung wäre z. B. die Untersuchung der Verschiebung des Aktors entlang des Subframes[5] des Fahrzeugs. Dieser ließe sich wegen der geringen modalen Dichte im interessierenden Frequenzbereich modal beschreiben. Zusammen mit gemessenen Frequenzgängen zwischen den Reaktionen an den Bewertungspunkten und den Lagerkräften als Eingangsgrößen ließe sich das Übertragungsverhalten des Gesamtfahrzeugs analysieren.

Die in diesem Beispiel gewählte Lagerung ist keineswegs realistisch. Sie vernachlässigt die Nachgiebigkeit des restlichen Chassis. Auch werden in der Realität zusätzliche Biegemomente übertragen. Hier handelt es sich jedoch nur um eine exemplarische Untersuchung. Der Vorteil der Verwendung der gelenkigen Lagerung liegt darin, dass es nur zwei Auflagerreaktionen gibt. Bei zwei Festlagern würden die Lagerreaktion weniger übersichtlich ausfallen.

Wie im Anhang A.3.1 gezeigt wird, ergibt sich die mechanische Impedanz bei Anregung des Balkens an der Stelle x_F mit der Kraft F und der komplexen Durchbiegung $W(x, j\omega)$ als

$$Z_m = \frac{F(j\omega)}{j\omega W(x_F, j\omega)} = \frac{L\mu}{\displaystyle\sum_{k=1}^{\infty} \frac{j2\omega}{\omega_k^2 - \omega^2 + 2jD_k\omega_k\omega} \sin^2 \frac{k\pi x_F}{L}}. \tag{3.4}$$

Dabei bezeichnen

$$\omega_k = (k\pi)^2 \sqrt{\frac{EI}{\mu L^4}} \qquad \text{bzw.} \qquad D_k = \frac{\alpha}{2\omega_k} + \frac{\beta\omega_k}{2}$$

die Eigenkreisfrequenzen sowie die modalen Dämpfungen nach der Bequemlichkeitshypothese. Die Dämpfung wird durch den Parameter der äußeren Dämpfung α und den Parameter der Strukturdämpfung β beschrieben. Weiterhin besitzt der Balken die Massenbelegung μ, den Elastizitätsmodul E und das Flächenträgheitsmoment I senkrecht zur Zeichenebene.

---

[5]Siehe Abbildung 3.6 auf Seite 34.

Die Frequenzgänge G_F^L und G_F^R zwischen der y-Komponente der Auflagerkraft im linken (F_y^L) bzw. rechten Auflager (F_y^R) und der Kraftanregung F an der Stelle x_F berechnen sich als

$$G_F^L = \frac{F_y^L}{F} = \frac{2x_F}{L} \sum_{k=1}^{\infty} \frac{1}{\left[1 + 2jD_k\dfrac{\omega}{\omega_k} - \dfrac{\omega^2}{\omega_k^2}\right]} \operatorname{si}\left(\frac{k\pi x_F}{L}\right)$$

bzw.

$$G_F^R = \frac{F_y^R}{F} = \frac{2x_F}{L} \sum_{k=1}^{\infty} \frac{(-1)^{k-1}}{\left[1 + 2jD_k\dfrac{\omega}{\omega_k} - \dfrac{\omega^2}{\omega_k^2}\right]} \operatorname{si}\left(\frac{k\pi x_F}{L}\right).$$

Damit lassen sich zwei gegensätzliche Effekte beobachten. Regt man den Balken mit einer Eigenfrequenz in der Nähe des Schwingungsbauches der zugehörigen Eigenform an, wird die mechanische Impedanz nach Gleichung 3.4 des Systems minimal. Damit wird die vom Aktor nach Gleichung 3.3 in die Struktur eingeleitete Kraft bei Montage an der Stelle x_F ebenfalls sehr klein. Gleichzeitig erreichen die Frequenzgänge G_F^L und G_F^R zwischen der Anregungskraft F bei $x = x_F$ und den Auflagerkräften ein Maximum. Damit führt die tendenziell kleinere anregende Kraft zu größeren Auflagerreaktionen F_y^L und F_y^R.

Abbildung 3.4 zeigt die Beträge der Frequenzgänge $G^L = G_F^L G_A = F_y^L/F_A$ und $G^R = G_F^R G_A = F_y^R/F_A$ zwischen der internen Kraft F_A des an der Stelle x_F montierten Aktors und den y-Komponenten der Auflagerkräfte F_y^L bzw. F_y^R für die erste Eigenfrequenz. Das Verhältnis $G_A = F_{Ch}/F_A$ zwischen der äußeren und der inneren Aktorkraft F_{Ch} bzw. F_A folgt dabei aus Gleichung 3.3 (S. 25). Zwar ist es denkbar, dass sich bei einem in Balkenmitte montierten Aktor mit den Übertragungsfunktionen von den Auflagern zu den Bewertungspunkten günstigere Phasenverhältnisse ergeben als z. B. bei $x_F = 0{,}15L$. Der auf den ersten Blick beste Aktorort im Schwingungsbauch führt jedoch keineswegs zur größten Auflagerkraft an den Balkenenden.

3.1.3   Stellgrößenbeschränkungen

Die in der Praxis stellbare Aktorkraft wird durch verschiedene Faktoren begrenzt.

1. Bei niedrigen Frequenzen beschränkt der maximale Weg der Aktormasse ($x_1 - x_2$ in Abbildung 3.1) die erzeugbare Kraft.

2. Bei hohen Frequenzen begrenzen die Aktorinduktivität und die verfügbare Speisespannung der Endstufe die erreichbare Stromanstiegsgeschwindigkeit $\dot{i}(t)$ und damit die Kraftänderung $\dot{F}(t)$. Ist diese zu klein, ergeben sich Verzerrungen im Kraftverlauf, der sich bei harmonischer Sollwertvorgabe immer mehr einer Folge von Exponentialfunktionen annähert.
   Um den Stellbereich zu vergrößern wird in der Endstufe ein Hochsetzsteller eingesetzt, der die 12 V-Batteriespannung auf 36 V erhöht.

3. Bei allen Frequenzen darf der Aktorstrom in Hinblick auf die Erwärmung des Aktors einen maximalen Effektivwert nicht übersteigen.

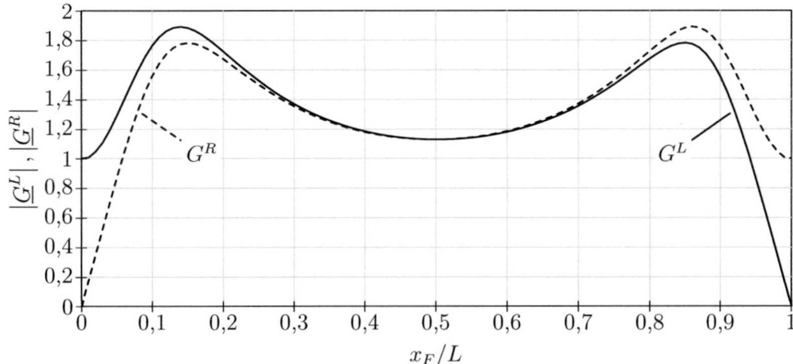

Abbildung 3.4: Mit 2000 Moden berechnete Beträge der Übertragungsverhältnisse G^L (durchgezogen) und G^R (gestrichelt) bei Montage des Aktors an der Stelle x_F für eine Anregung mit der ersten Biegeeigenfrequenz des Balkens. Parameter des Aktors: $m_N = 2\,\text{kg}$, $m_s = 1\,\text{kg}$, $D = 0{,}05$, $\omega_0/(2\pi) = 25\,\text{Hz}$. Abmessungen des Balkens (Rechteckprofil): Breite $b = 100\,\text{mm}$, Höhe $h = 50\,\text{mm}$, Wandstärke $d = 1{,}5\,\text{mm}$, Länge $L = 1\,\text{m}$. Materialparameter: $\rho = 7800\,\text{kgm}^{-3}$, $E = 2{,}1 \cdot 10^{11}\,\text{Nm}^{-2}$ (Stahl). Dämpfung: $\alpha = 5\,\text{s}^{-1}$, $\beta = 10^{-4}\,\text{s}$ ($\Rightarrow D_1 \approx 0{,}06$, $D_2 \approx 0{,}14$)

4. Die primäre Gleichstromaufnahme des Systems ist durch Vorgaben der Automobilhersteller beschränkt.

Zumeist werden in dieser Arbeit größere Aktoren (Aktormassen ca. $2\,\text{kg}$) eingesetzt. Diese können einen größeren Weg als kleinere Aktoren stellen. Gleichzeitig erzeugen sie bereits bei gleichem Weg größere Kräfte. Entsprechend greift die erste Beschränkung hier zumeist nicht. Weiterhin sind höhere Motorordnungen als die zweite im Spektrum weniger stark ausgeprägt. Damit ist auch die Beschränkung der Stromanstiegsgeschwindigkeit bei Verwendung eines Hochsetzstellers oft nicht relevant. Entsprechend wird die Stellgrößenbeschränkung in der Simulation durch einen maximal zulässigen Effektivwert berücksichtigt. In den Berechnungen wird der Aktorstrom bei einer Verletzung der Stellgrößenbeschränkung unter Beibehaltung der Phase so reduziert, dass der Gesamteffektivwert einen vorgegebenen Maximalwert nicht übersteigt.

Im Experiment lässt sich dies für eine kurbelwellensynchrone Steuerung durch eine Reduktion der einzelnen Amplituden entsprechend dem Gesamteffektivwert erreichen. Für den Filtered-X-LMS-Algorithmus kann eine Stellgrößenbeschränkung durch eine Beschränkung der quadratischen Norm des Vektors der Filterkoeffizienten erzielt werden. Diese eigentlich zur Erhöhung der Stabilität vorgeschlagene Modifikation [70, S. 1-4] besitzt den Vorteil, dass das Filter auch in der Beschränkung linear bleibt. Eine harte Beschränkung des Ausgangswerts würde demgegenüber zu einem nichtlinearen Verhalten führen.

3.2 Frequenzgänge bei beliebiger Aktor- oder Fehlersensorausrichtung

3.2.1 Problembeschreibung

Das Bewertungskriterium

$$J = \sum_{\nu=1}^{N_n} \sum_{o=1}^{N_{MO}} \left(\mathbf{Y}_{\nu,o}^B + \mathbf{G}_{\nu,o}^{AB}(\boldsymbol{\theta'},\boldsymbol{\varphi'})\mathbf{X}_{\nu,o} \right)^T \mathbf{W} \left(\mathbf{Y}_{\nu,o}^B + \mathbf{G}_{\nu,o}^{AB}(\boldsymbol{\theta'},\boldsymbol{\varphi'})\mathbf{X}_{\nu,o} \right)^*$$

hängt über die Frequenzgangmatrix $\mathbf{G}_{\nu,o}^{AB}(\boldsymbol{\theta'},\boldsymbol{\varphi'})$ zwischen der Stellgröße und den Reaktionen an den Bewertungspunkten von den Aktorwinkeln $\boldsymbol{\theta'} = [\theta_1',\theta_2',\ldots,\theta_{N_A}']$ und $\boldsymbol{\varphi'} = [\varphi_1',\varphi_2',\ldots,\varphi_{N_A}']$ ab. Zur Optimierung des aktiven Systems ist für jeden der Aktoren ein optimales Winkelpaar (θ',φ') (mit (θ',φ') nach Abbildung 3.5) zu bestimmen.

Für das Modell einer optimalen Steuerung werden die Aktorstellgrößen $\mathbf{X}_{\nu,o}$ bei gegebener Aktorausrichtung über Gleichung 2.8 (Seite 20) ermittelt. Für eine ideale Regelung werden die Steuergrößen $\mathbf{X}_{\nu,o}$ dagegen systemendogen aus den Signalen der N_A Fehlersensoren im ungeregelten System $\mathbf{Y}_{\nu,o,s}^S(\boldsymbol{\theta''},\boldsymbol{\varphi''}) = [Y_{\nu,o,1}^S(\theta_1'',\varphi_1''), Y_{\nu,o,2}^S(\theta_2'',\varphi_2''),\ldots,Y_{\nu,o,N_A}^S(\theta_{N_A}'',\varphi_{N_A}'')]$ über

$$\mathbf{X}_{\nu,o} = -\mathbf{G}_{\nu,o}^{AS}(\boldsymbol{\theta'},\boldsymbol{\varphi'},\boldsymbol{\theta''},\boldsymbol{\varphi''})^{-1}\mathbf{Y}_{\nu,o}^S(\boldsymbol{\theta''},\boldsymbol{\varphi''})$$

gebildet. Dabei hängen die Frequenzgänge zwischen dem Aktorstrom als Anregung und den Fehlersensorsignalen in $\mathbf{G}_{\nu,o}^{AS}$ sowohl von den Aktorwinkeln $\boldsymbol{\theta'}$ und $\boldsymbol{\varphi'}$ als auch von den Fehlersensorwinkeln $\boldsymbol{\theta''}$ bzw. $\boldsymbol{\varphi''}$ ab.

Eine direkte Messung der erforderlichen Signale und Übertragungseigenschaften erfordert die Kenntnis der Aktor- und Fehlersensorwinkel. Diese sind jedoch unbekannt und sollen erst durch die Optimierung ermittelt werden. Es ist daher eine Methode zu entwickeln, mit der die entsprechenden Größen vorab aus Messdaten für beliebige Aktor- und Sensorausrichtungen bestimmt werden können.

3.2.2 Frequenzgänge bei beliebiger Fehlersensorausrichtung

Zur Berechnung des Signals eines beliebig ausgerichteten, als Fehlersensor verwendeten uniaxialen Beschleunigungssensors wird die Beschleunigung am Sensorort mit einem triaxialen Aufnehmer gemessen. Dieser liefert die drei Koordinaten $Y_{u''}^S$, $Y_{v''}^S$ bzw. $Y_{w''}^S$ des Beschleunigungsvektors in u''-, v''- und w''-Richtung (Abbildung 3.5). Über die Projektion

$$Y^S = [\cos\varphi'' \sin\theta'', \sin\varphi'' \sin\theta'', \cos\theta''] \begin{bmatrix} Y_{u''}^S \\ Y_{v''}^S \\ Y_{w''}^S \end{bmatrix} \tag{3.5}$$

lässt sich das Signal eines mit den Winkeln θ'' und φ'' ausgerichteten uniaxialen Fehlersensors berechnen. Der Frequenzgang $G^{AS}(\theta',\varphi',\theta'',\varphi'')$ zwischen dem Aktorstrom als Anregung und

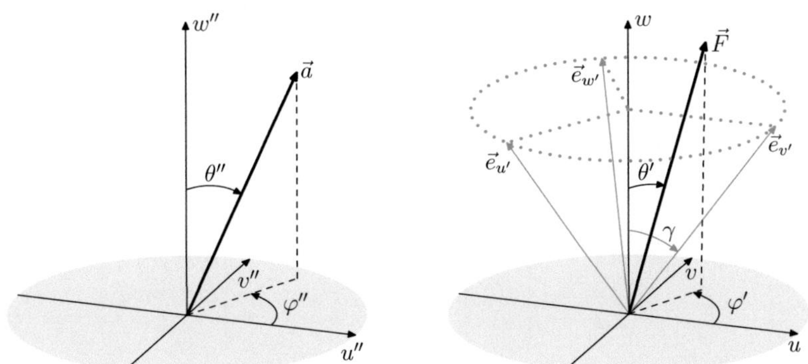

Abbildung 3.5: Koordinatensysteme zur Beschreibung der Fehlersensor- (**links**) und Aktorausrichtung (**rechts**)

dem Sensorsignal berechnet sich für eine beliebige Sensorausrichtung (θ'', φ'') analog über

$$G^{AS} = [\cos \varphi'' \sin \theta'', \sin \varphi'' \sin \theta'', \cos \theta''] \begin{bmatrix} G^{AS}_{u''}(\theta', \varphi') \\ G^{AS}_{v''}(\theta', \varphi') \\ G^{AS}_{w''}(\theta', \varphi') \end{bmatrix}. \tag{3.6}$$

Die Teilfrequenzgänge $G^{AS}_{\xi''}(\theta', \varphi')$ beschreiben dabei das Übertragungsverhalten zwischen der Aktoranregung und der Beschleunigung am Fehlersensorort in ξ''-Richtung ($\xi'' = u'', v''$ oder w''). Sie lassen sich mit einem unter (θ', φ') ausgerichteten Aktor direkt am Fahrzeug identifizieren.

3.2.3 Frequenzgänge bei beliebiger Aktorausrichtung

Aufwändiger ist demgegenüber die Berechnung des Übertragungsverhaltens bei beliebiger Aktorausrichtung. Auch hier kann das gesuchte Übertragungsverhalten wieder durch die Überlagerung von drei einzeln gemessenen Frequenzgängen berechnet werden.

Dazu wird der Aktor am ausgewählten Aktorort nacheinander in den Richtungen $\vec{e}_{u'}$, $\vec{e}_{v'}$ und $\vec{e}_{w'}$ montiert (Abbildung 3.5 rechts). Die drei Richtungen weisen den einheitlichen Winkel γ gegen die Normale auf und sind um jeweils 120° in Umfangsrichtung verdreht. Dabei ist es vom Prinzip her nicht erforderlich, diese Anordnung zu verwenden. So könnte man z. B. auch eine Richtung orthogonal zur Montagefläche wählen und die beiden anderen Richtungen aus der Orthogonalen herausdrehen. Einzige Forderung ist, dass die drei Richtungen insgesamt hinreichend linear unabhängig sind. Aus baulichen Gründen ist meist eine Verwendung der Richtungen gemäß Abbildung 3.5 am besten geeignet.

Über eine Identifikation erhält man für jede dieser Ausrichtungen den entsprechenden Teilfrequenzgang $G_{\xi'}^{AP}$ mit[6]

$$G_{\xi'}^{AP} = \frac{Y^P(j\omega)}{F_{\xi'}(j\omega)}, \quad \text{mit } \xi' = u', v', w'.$$

Der Kraftvektor $\vec{F}$ (Abbildung 3.5) hat im orthogonalen, ungestrichenen System die Darstellung $\vec{F} = F_u \vec{e}_u + F_v \vec{e}_v + F_w \vec{e}_w$ und im gestrichenen System $\vec{F} = F_{u'} \vec{e}_{u'} + F_{v'} \vec{e}_{v'} + F_{w'} \vec{e}_{w'}$.

Nun ist

$$\vec{e}_{u'} = [\vec{e}_u, \vec{e}_v, \vec{e}_w] \begin{bmatrix} \sin\gamma \\ 0 \\ \cos\gamma \end{bmatrix}, \qquad \vec{e}_{v'} = [\vec{e}_u, \vec{e}_v, \vec{e}_w] \begin{bmatrix} \sin\gamma\cos\frac{2\pi}{3} \\ \sin\gamma\sin\frac{2\pi}{3} \\ \cos\gamma \end{bmatrix}$$

sowie

$$\vec{e}_{w'} = [\vec{e}_u, \vec{e}_v, \vec{e}_w] \begin{bmatrix} \sin\gamma\cos\frac{2\pi}{3} \\ -\sin\gamma\sin\frac{2\pi}{3} \\ \cos\gamma \end{bmatrix}.$$

Damit ergibt sich

$$[\vec{e}_{u'}, \vec{e}_{v'}, \vec{e}_{w'}] = [\vec{e}_u, \vec{e}_v, \vec{e}_w] \begin{bmatrix} \sin\gamma & \sin\gamma\cos\frac{2\pi}{3} & \sin\gamma\cos\frac{2\pi}{3} \\ 0 & \sin\gamma\sin\frac{2\pi}{3} & -\sin\gamma\sin\frac{2\pi}{3} \\ \cos\gamma & \cos\gamma & \cos\gamma \end{bmatrix},$$

was sich zu

$$[\vec{e}_u, \vec{e}_v, \vec{e}_w] = [\vec{e}_{u'}, \vec{e}_{v'}, \vec{e}_{w'}] \begin{bmatrix} \sin\gamma & \sin\gamma\cos\frac{2\pi}{3} & \sin\gamma\cos\frac{2\pi}{3} \\ 0 & \sin\gamma\sin\frac{2\pi}{3} & -\sin\gamma\sin\frac{2\pi}{3} \\ \cos\gamma & \cos\gamma & \cos\gamma \end{bmatrix}^{-1}$$

umformen lässt. Durch Koeffizientenvergleich erhält man aus

$$\vec{F} = [\vec{e}_u, \vec{e}_v, \vec{e}_w] \begin{bmatrix} F_u \\ F_v \\ F_w \end{bmatrix} = [\vec{e}_{u'}, \vec{e}_{v'}, \vec{e}_{w'}] \begin{bmatrix} \sin\gamma & \sin\gamma\cos\frac{2\pi}{3} & \sin\gamma\cos\frac{2\pi}{3} \\ 0 & \sin\gamma\sin\frac{2\pi}{3} & -\sin\gamma\sin\frac{2\pi}{3} \\ \cos\gamma & \cos\gamma & \cos\gamma \end{bmatrix}^{-1} \begin{bmatrix} F_u \\ F_v \\ F_w \end{bmatrix}$$

$$= [\vec{e}_{u'}, \vec{e}_{v'}, \vec{e}_{w'}] \begin{bmatrix} F_{u'} \\ F_{v'} \\ F_{w'} \end{bmatrix}$$

im gestrichenen Koordinatensystem mit

$$\vec{F} = [\vec{e}_u, \vec{e}_v, \vec{e}_w] \begin{bmatrix} F_u \\ F_v \\ F_w \end{bmatrix} = [\vec{e}_u, \vec{e}_v, \vec{e}_w] \begin{bmatrix} \sin\theta'\cos\varphi' \\ \sin\theta'\sin\varphi' \\ \cos\theta' \end{bmatrix} |\vec{F}|$$

---

[6]Für eine einfachere Schreibweise wird hier auf eine weitergehende Indizierung bei den Frequenzgängen G^{AP} sowie der Reaktion Y^P zur Unterscheidung von Bewertungs- oder Fehlersensorort verzichtet.

die Koordinaten des Kraftvektors

$$\begin{bmatrix} F_{u'} \\ F_{v'} \\ F_{w'} \end{bmatrix} = \begin{bmatrix} \sin\gamma & \sin\gamma\cos\frac{2\pi}{3} & \sin\gamma\cos\frac{2\pi}{3} \\ 0 & \sin\gamma\sin\frac{2\pi}{3} & -\sin\gamma\sin\frac{2\pi}{3} \\ \cos\gamma & \cos\gamma & \cos\gamma \end{bmatrix}^{-1} \begin{bmatrix} \sin\theta'\cos\varphi' \\ \sin\theta'\sin\varphi' \\ \cos\theta' \end{bmatrix} \left|\vec{F}\right|.$$

im gestrichenen Koordinatensystem.

Bei Anregung der Struktur in der Richtung $\vec{e}_{\xi'}$ mit der Kraft $F_{\xi'}$ reagiert das System mit $Y_{\xi'}^{P} = G_{\xi'}^{AP} F_{\xi'}$. Entsprechend kann die gesamte Reaktion Y^{P} des Systems auf den Kraftvektor $\vec{F}$ aus der Überlagerung

$$Y^{P} = Y_{u'}^{P} + Y_{v'}^{P} + Y_{w'}^{P} = G_{u'}^{AP} F_{u'} + G_{v'}^{AP} F_{v'} + G_{w'}^{AP} F_{w'}$$

$$= \left[G_{u'}^{AP}, G_{v'}^{AP}, G_{w'}^{AP} \right] \begin{bmatrix} F_{u'} \\ F_{v'} \\ F_{w'} \end{bmatrix}$$

$$= \left[G_{u'}^{AP}, G_{v'}^{AP}, G_{w'}^{AP} \right] \begin{bmatrix} \sin\gamma & \sin\gamma\cos\frac{2\pi}{3} & \sin\gamma\cos\frac{2\pi}{3} \\ 0 & \sin\gamma\sin\frac{2\pi}{3} & -\sin\gamma\sin\frac{2\pi}{3} \\ \cos\gamma & \cos\gamma & \cos\gamma \end{bmatrix}^{-1} \begin{bmatrix} \sin\theta'\cos\varphi' \\ \sin\theta'\sin\varphi' \\ \cos\theta' \end{bmatrix} \left|\vec{F}\right|$$

berechnet werden. Damit erhält man den resultierenden Frequenzgang nach analytischer Inversion der Matrix schließlich zu

$$G^{AP}(\varphi', \theta') = \frac{Y^{P}}{\left|\vec{F}\right|} = \left[G_{u'}^{AP}, G_{v'}^{AP}, G_{w'}^{AP} \right] \begin{bmatrix} \dfrac{2}{3\sin\gamma} & 0 & \dfrac{1}{3\cos\gamma} \\ -\dfrac{1}{3\sin\gamma} & \dfrac{1}{\sqrt{3}\sin\gamma} & \dfrac{1}{3\cos\gamma} \\ -\dfrac{1}{3\sin\gamma} & -\dfrac{1}{\sqrt{3}\sin\gamma} & \dfrac{1}{3\cos\gamma} \end{bmatrix} \begin{bmatrix} \sin\theta'\cos\varphi' \\ \sin\theta'\sin\varphi' \\ \cos\theta' \end{bmatrix}.$$

$$(3.7)$$

Bleibt der Kraftangriffspunkt gleich, wird auch das mit der Aktorkraft einhergehende Moment korrekt überlagert. Schwierigkeiten ergeben sich nur dann, wenn sich bei einer Veränderung der Aktorausrichtung auch der Kraftangriffspunkt verändert. Dies ist bei der Auslegung der zu verwendenden Aktorhalterung zu berücksichtigen.

3.2.4 Experimentelle Ergebnisse

In Abbildung 3.7 sind die durch Überlagerung berechneten sowie die direkt gemessenen Amplitudengänge für unterschiedliche Ausrichtungen des Aktors dargestellt. Für den Vergleich wurde der Aktor am rechten Motorlager (siehe die Abbildungen 2.1 (Seite 6) bzw. 3.6) des Testfahrzeugs montiert. Die w-Achse aus Abbildung 3.5 zeigt dabei in Richtung der Achse des Motorlagers nach oben, die u-Achse in Fahrzeugrichtung nach hinten und die v-Achse nach rechts (Abbildung 3.6).

Zunächst fällt auf, dass der in Abbildung 3.7 dargestellte resultierende Amplitudengang stark von der Ausrichtung des Aktors abhängig ist. So ergibt sich für $\theta' = 90°, \varphi' = 90°$ ein sehr

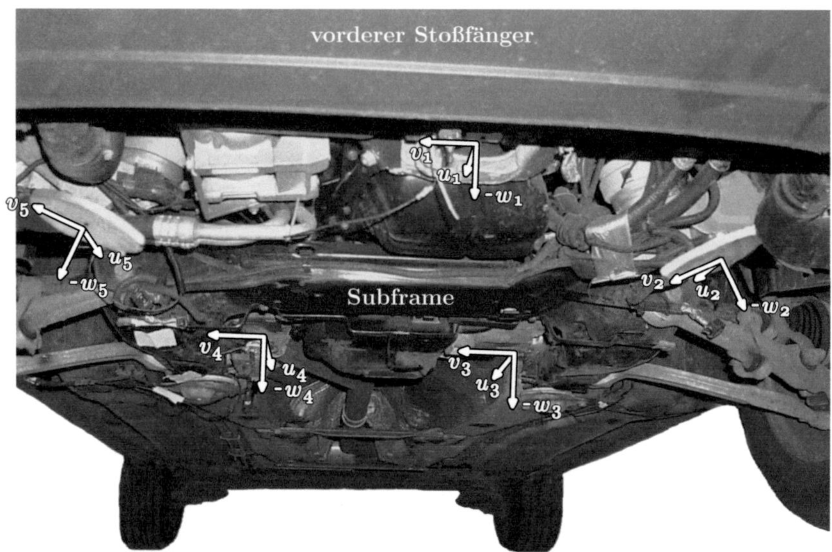

Abbildung 3.6: Ansicht des Versuchsfahrzeugs von unten mit den untersuchten Aktormontageflächen und den dazugehörigen lokalen Koordinatensystemen. Die u-Achsen zeigen jeweils in Längsrichtung nach hinten, die w-Achsen in Richtung der jeweiligen Lager nach oben. Indizes: 1: vordere Pendelstütze, 2: linkes Motorlager, 3: linkes Getriebelager, 4: rechtes Getriebelager, 5: rechtes Motorlager. Für eine schematische Seitenansicht siehe Abbildung 2.1 auf Seite 6.

geringer Betrag zwischen 280 und 320 Hz. Dagegen weist der Verlauf für $\theta' = 55°, \varphi' = 180°$ gerade in diesem Bereich seinen Maximalwert bei einer Resonanzstelle auf. Der Unterschied beträgt dort teilweise mehr als 15 dB.

Insgesamt stimmen der überlagerte und der direkt gemessene Frequenzgang i. Allg. gut überein. Für die Aktorkraft als Anregung ist die Übereinstimmung dabei etwas besser als für den Aktorstrom (Abbildung 3.7, rechts). Eine Ursache liegt in unterschiedlichen Impedanzen des Fahrzeugs bei Anregung in den drei Richtungen $\vec{e}_{u'}$, $\vec{e}_{v'}$, $\vec{e}_{w'}$.

3.2.5 Fehleruntersuchung

Im Folgenden soll der Einfluss des Winkels γ, unter dem der Aktor bei Messung der Einzelfrequenzgänge ausgerichtet wird, auf die Fehlerfortpflanzung untersucht werden. Dazu wird angenommen, dass das Signal $y_{\xi'}^P(t)$ am Bewertungs- oder Fehlersensorort mit einem zufälligen Messfehler $\eta_{\xi'}(t)$ behaftet gemessen wird. $y_{\xi'}^P(t)$ stellt sich als Reaktion auf die Anregung am Aktorort mit dem Strom $u_{\xi'}(t)$ und einer Aktorausrichtung in ξ'-Richtung ein.

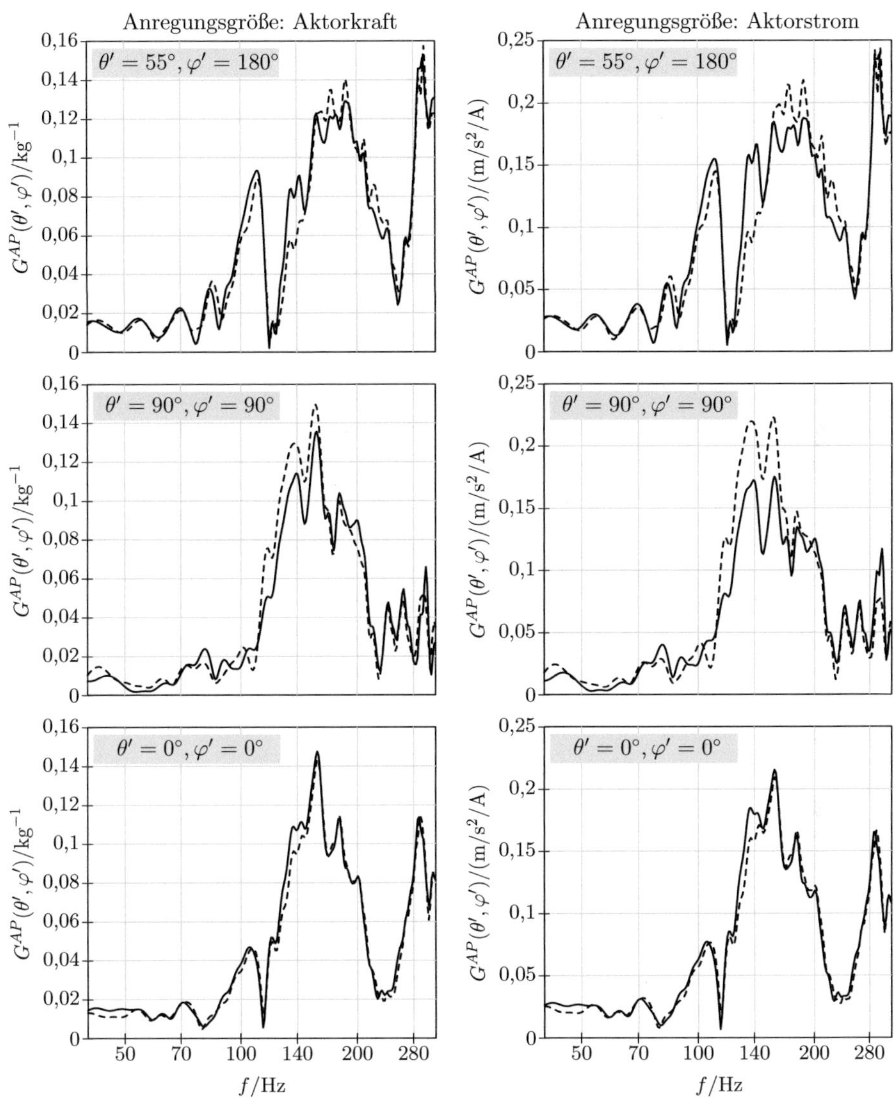

Abbildung 3.7: Amplitudengang zwischen der Anregung und der Beschleunigung in Richtung der Fahrzeuglängsachse an der Spritzwand zwischen den Pedalen für verschiedene Ausrichtungen des Aktors. <u>Gestrichelt</u>: direkte Messung, <u>durchgezogen</u>: Berechnung durch Überlagerung. Die Anregung ist in den Diagrammen auf der **linken** Seite die Aktorkraft, **rechts** der Aktorstrom. Aktorort ist das rechte Motorlager.

Entsprechend gilt im Zeitbereich mit der Gewichtsfunktion $g_{\xi'}^{AP}$

$$y_{\xi'}^{P} = g_{\xi'}^{AP} * u_{\xi'} + \eta_{\xi'}$$

und im Frequenzbereich analog mit dem wahren Frequenzgang $G_{\xi'}^{AP}$

$$Y_{\xi'}^{P} = G_{\xi'}^{AP} U_{\xi'} + H_{\xi'}.$$

Bei fehlerfrei messbarer Anregung $U_{\xi'}$ ergibt sich damit der fehlerbehaftete Frequenzgang

$$\tilde{G}_{\xi'}^{AP} = \frac{Y_{\xi'}^{P}}{U_{\xi'}} = G_{\xi'}^{AP} + \frac{H_{\xi'}}{U_{\xi'}}$$

als Summe des wahren Frequenzgangs $G_{\xi'}^{AP}$ und eines Störanteils $\dfrac{H_{\xi'}}{U_{\xi'}}$.

Bei gleichen Leistungsspektraldichten $S_{\eta\eta}(j\omega)$ für die statistisch unabhängigen Rauschsignale $\eta_{u'}$, $\eta_{v'}$ und $\eta_{w'}$ ergibt sich die resultierende Leistungsdichte des Frequenzgangfehlers $\Delta G^{AP} = \tilde{G}^{AP} - G^{AP}$ zu (siehe Anhang A.2)

$$S_{\Delta G^{AP}} = \left[\frac{1}{3} \left(\frac{\cos^2 \theta'}{\cos^2 \gamma} \right) + \frac{2}{3} \left(\frac{\sin^2 \theta'}{\sin^2 \gamma} \right) \right] \frac{S_{\eta\eta}(j\omega)}{|U(j\omega)|^2}.$$

Für $\sin^2 \gamma = \dfrac{2}{3}$, d. h. $\cos^2 \gamma = \dfrac{1}{3}$ ist die Leistungsdichte $S_{\Delta G^{AP}} = S_{\eta\eta}(j\omega)/|U(j\omega)|^2$ dabei unabhängig vom Aktorwinkel θ' konstant. Bei diesem Winkel sind die drei Richtungen $\vec{e}_{u'}$, $\vec{e}_{v'}$ und $\vec{e}_{w'}$ orthogonal zueinander. Ansonsten ist die resultierende Leistungsdichte der überlagerten Störungen vom Aktorwinkel θ' abhängig, für den der resultierende Frequenzgang berechnet wird.

Z. B. ist es für $\theta' \approx 0$ günstig, γ klein zu wählen (Abbildung 3.8). In diesem Fall kann man das überlagerte Rauschen durch Mittelwertbildung reduzieren. Speziell für $\theta' = 0°$, $\gamma \to 0°$ ergibt sich $S_{\Delta G^{AP}} = \dfrac{1}{3} \dfrac{S_{\eta\eta}(j\omega)}{|U(j\omega)|^2}$. Die Leistungsdichte des Fehlers wird umgekehrt proportional zur Anzahl der Messungen (d. h. drei) reduziert. Es handelt sich hier um einen Ausgleich zufälliger Fehler durch Mittelwertbildung. Gleichzeitig ist der Fall $\gamma \to 0°$ oder $\gamma \to 180°$ für $\theta' > 0°$ ausgesprochen ungeeignet, da die drei gemessenen Frequenzgänge nahezu identisch sind. So steckt die für die Berechnung von G^{AP} für beliebige $\theta' > 0°$ erforderliche Information in den systematischen Unterschieden der drei Frequenzgänge $G_{u'}^{AP}$, $G_{v'}^{AP}$ und $G_{w'}^{AP}$. Je ähnlicher die drei Frequenzgänge sind, d. h. je größer die lineare Abhängigkeit zwischen ihnen ist, desto stärker wird der Einfluss der zufälligen Störungen auf das Gesamtergebnis.

Mit der (bezogenen) Unter- bzw. Obergrenze von $S_{\Delta G^{AP}}$, d. h.

$$\frac{S_{\Delta G^{AP},\min}}{\frac{S_{\eta\eta}(j\omega)}{|U(j\omega)|^2}} = \min \left(\frac{1}{3\cos^2 \gamma}, \frac{2}{3\sin^2 \gamma} \right) \quad \text{bzw.} \quad \frac{S_{\Delta G^{AP},\max}}{\frac{S_{\eta\eta}(j\omega)}{|U(j\omega)|^2}} = \max \left(\frac{1}{3\cos^2 \gamma}, \frac{2}{3\sin^2 \gamma} \right)$$

lassen sich die Extremwerte für den Einfluss der Messfehler abschätzen (Abbildung 3.9). Ober- und Untergrenze schneiden sich bei $\gamma = \arccos(1/\sqrt{3}) \approx 55°$, d. h. für den Sonderfall orthogonaler Anregungsrichtungen.

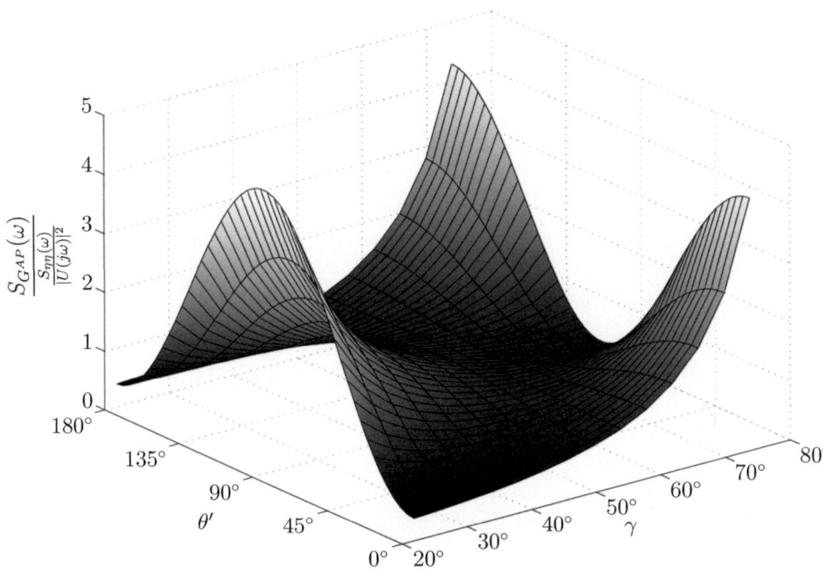

Abbildung 3.8: Verlauf von $S_{\Delta G^{AP}}(j\omega)$ in Abhängigkeit der Winkel γ und θ'.

Für eine Montage des Aktors in einer beliebigen Richtung stellt somit $\gamma \approx 55°$ die beste Wahl dar. Zumeist ist an den potentiellen Aktororten nicht genügend Platz, die Aktoren weit genug zu drehen. Bei den hier vorgestellten Messungen wird $\gamma = 35°$ verwendet. Im ungünstigsten Fall verdoppelt sich damit die Leistungsdichte der zufälligen Störungen (Abbildung 3.9). Eine weitere Verkleinerung von γ ist allerdings nicht empfehlenswert.

3.3 Störverhalten bei unterschiedlichen Aktorausrichtungen und -positionen

3.3.1 Experimentelle Ergebnisse

Infolge der Aktormasse ergeben sich auch bei ausgeschaltetem Aktor Veränderungen des Fahrzeugverhaltens gegenüber einem Fahrzeug ohne montierten Aktor (Abbildung 3.10). Vor allem dort, wo der Aktor montiert ist, treten durch neue Resonanzstellen bei einigen Drehzahlen zusätzliche Signalüberhöhungen von deutlich mehr als 6 dB auf.[7] Abseits dieser

---

[7]Abbildung 3.10b bei 2100 bzw. 2700 min^{-1} bzw. Abbildung 3.10c bei 2100 min^{-1}.

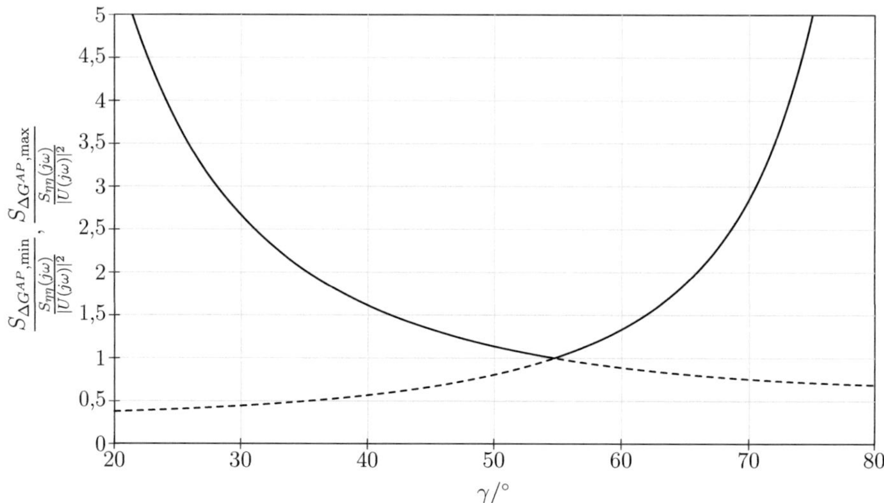

Abbildung 3.9: Bezogene Untergrenze (gestrichelt) sowie Obergrenze von $S_{\Delta G^{AP}}$ (durchgezogen) in Abhängigkeit des bei der Identifikation verwendeten Normalenwinkels γ.

Resonanzstellen führt die zusätzliche Masse des Aktors erwartungsgemäß zu einer Verringerung der Bewegung. Am ausgeprägtesten ist dieser Effekt am rechten Motorlager oberhalb von $3000\,\mathrm{min}^{-1}$. Insgesamt ist der Effektivwertverlauf stark von der Aktorausrichtung abhängig.

Am zweiten Motorlager, an dem der Aktor jeweils nicht montiert ist, sind die Veränderungen im Signalverlauf sehr gering. Weder der Einfluss der Ausrichtung des Aktors am anderen Motorlager noch das Anbringen des Aktors überhaupt verändern den Signalverlauf maßgeblich (Abbildung 3.10a bzw. d).

Im Innenraum ist der Einfluss der Aktormasse und -ausrichtung ebenfalls gering (Abbildung 3.10e und f). Zwar führt die Aktormasse am linken Motorlager bei ca. $3500\,\mathrm{min}^{-1}$ an der Spritzwand zu einer sichtbaren Beruhigung. Der qualitative Verlauf bleibt jedoch erhalten.

3.3.2 Konsequenzen

Je nach verwendeter Aktoransteuerung ergeben sich unterschiedliche Konsequenzen aus der Aktorrückwirkung.

Bei der Annahme einer optimalen Steuerung ist nur das Verhalten an den Bewertungspunkten im Innenraum bei ausgeschaltetem Aktor maßgeblich. Dieses ändert sich durch die unterschiedliche Aktorausrichtung nur wenig. Damit kann die Aktorrückwirkung in erster Näherung vernachlässigt werden. Gleichwohl sollten die Motorstörungen im ungeregelten

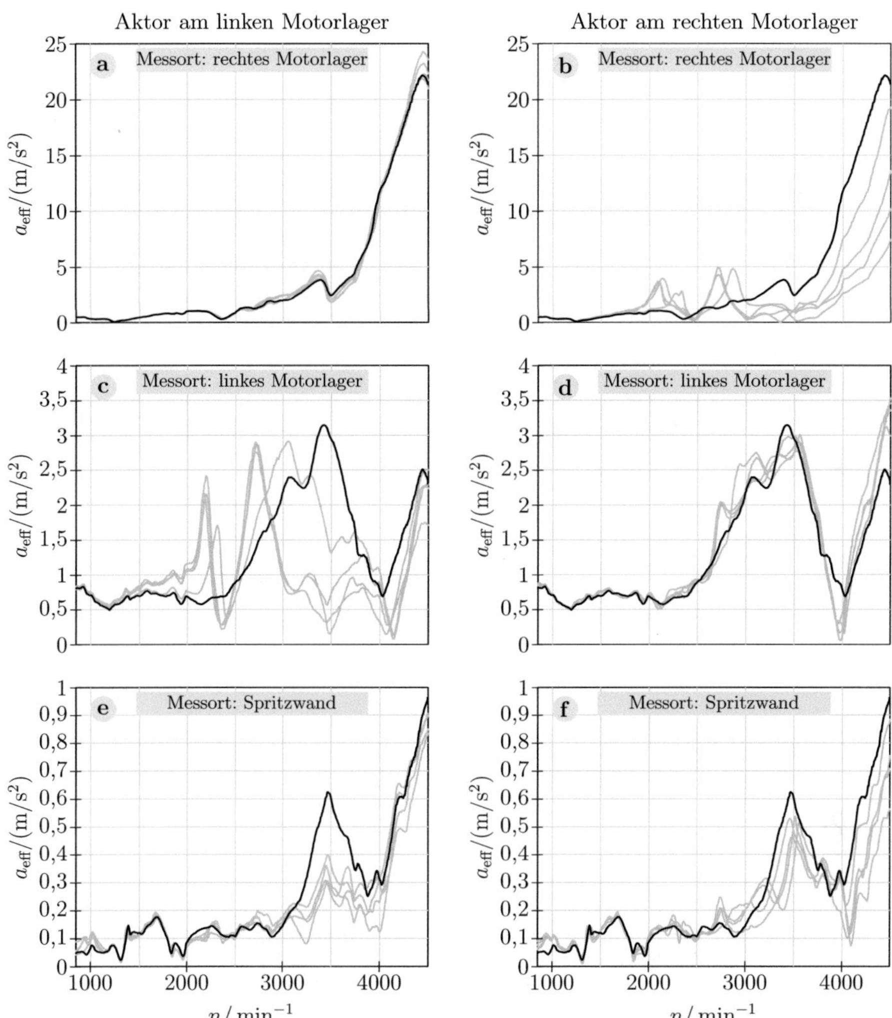

Abbildung 3.10: Beschleunigung am rechten bzw. linken Motorlager (**oben** bzw. **Mitte**) in Richtung der Lagerachse bzw. an der Spritzwand entlang der Fahrzeughochachse (**unten**) bei einem langsamen Motorhochlauf für die zweite Motorordnung. Die schwarze Kurve zeigt den Verlauf ohne montierten Aktor. Bei den grauen Kurven wurde ein ausgeschalteter Aktor in vier unterschiedlichen Ausrichtungen (senkrecht, d. h. in Richtung der w-Achsen in Abbildung 3.6, sowie mit $\theta' = 35°$ gegen die Normale bei $\varphi' = 0°, 120°$ bzw. $240°$) am linken (**linke Spalte**) bzw. rechten (**rechte Spalte**) Motorlager montiert.

System für jeden zu untersuchenden Aktorort direkt mit z. B. senkrecht montiertem Aktor gemessen werden.

Für die Annahme einer idealen Regelung ergeben sich dagegen zusätzliche Schwierigkeiten. So wird das Signal des am Aktorfußpunkt montierten Fehlersensors in sehr hohem Maße durch die Ausrichtung des Aktors beeinflusst. Aus diesem Signal wird die Stellgröße der idealen Regelung durch die Annahme der vollständigen Kompensation bestimmt. Da eine Modellierung der Aktorrückwirkung nicht ohne weiteres gelingt, könnte man den Verlauf der Störgrößen für einen senkrecht montierten Aktor behelfsweise ansetzen. Unterscheiden sich die Störgrößenverläufe wie in den Abbildungen 3.10b und 3.10c zu stark, führt dies zu deutlich verschiedenen Stellgrößen. Diese werden nach der Gewichtung mit den entsprechenden Übertragungsfunktionen wiederum am Bewertungspunkt mit den nur moderat durch die Aktorausrichtung beeinflussten Störungen überlagert. In Summe scheint daher keine zuverlässige Prognose des resultierenden Systemverhaltens möglich zu sein.

Bei einer Montage des Aktors am Motorlager ist der Aktorfußpunkt durch die Idee der Kompensation der Motorstörungen einer der naheliegendsten Fehlersensororte. Bei anderen Sensororten kommen Schwierigkeiten durch die mit einer großen Distanz zwischen Aktor und Fehlersensor einhergehenden Signallaufzeiten hinzu. Den Aktorfußpunkt von vornherein als Fehlersensorort aus der Untersuchung auszuschließen, erscheint daher nicht zweckmäßig. Somit kann für den interessanten Fall eines am Aktorfußpunkt montierten Fehlersensors die Sensorrichtung nur für fest vorgegebene Aktorausrichtungen optimiert werden.

3.4 Optimierte Aktor- und Fehlersensorpositionen

3.4.1 Optimierte Aktororte und -ausrichtungen für eine optimale Steuerung

Berechnung

Für eine optimale Steuerung für ein Ein-Aktorsystem ergibt sich die optimale Aktorrichtung in Kugelkoordinaten (θ',φ') mit den Bezeichnungen aus Abschnitt 2.3.1 als Minimum von

$$J = \sum_{\nu=1}^{N_n} \sum_{o=1}^{N_{MO}} \left(\mathbf{Y}_{\nu,o}^B + \mathbf{G}_{\nu,o}^{AB}(\theta',\varphi')X_{\nu,o}^{opt}(\theta',\varphi')\right)^T \mathbf{W} \left(\mathbf{Y}_{\nu,o}^B + \mathbf{G}_{\nu,o}^{AB}(\theta',\varphi')X_{\nu,o}^{opt}(\theta',\varphi')\right)^*.$$

Bei der numerischen Lösung ist für jede untersuchte Aktorausrichtung die jeweils optimale Stellgröße nach Gleichung 2.9 (Seite 20)

$$X_{\nu,o}^{opt} = - \frac{\displaystyle\sum_{b=1}^{N_B} w_{\nu,o,b} G_{\nu,o,b}^{AB}(\theta',\varphi')^* Y_{\nu,o,b}^B}{\displaystyle\sum_{b=1}^{N_B} w_{\nu,o,b} \left| G_{\nu,o,b}^{AB}(\theta',\varphi')\right|^2}$$

Beruhigung der Spritzwand in dB	Aktorort				
	ML rechts	GL rechts	GL links	ML links	Pendelstütze
Störungsmaß $J_{\mathrm{opt}}/(\mathrm{m}^2/\mathrm{s}^4)$	32,56	32,35	49,23	22,42	21,03
Mittlerer Gewinn $J_{\mathrm{opt}}/J_{\mathrm{ohne\ Aktor}}/\mathrm{dB}$	5,24	5,26	3,44	6,85	7,13
Mittlerer Gewinn $J_{\mathrm{opt}}/J_{\mathrm{Aktor\ aus}}/\mathrm{dB}$	3,71	3,82	3,20	5,33	6,80
Ausrichtungsgewinn $J_{\mathrm{opt}}/J_\perp/\mathrm{dB}$	1,43	1,50	2,23	2,83	4,05

Beruhigung der Sitzschiene in dB	Aktorort				
	ML rechts	GL rechts	GL links	ML links	Pendelstütze
Störungsmaß $J_{\mathrm{opt}}/(\mathrm{m}^2/\mathrm{s}^4)$	16,77	15,56	15,04	15,11	18,04
Mittlerer Gewinn $J_{\mathrm{opt}}/J_{\mathrm{ohne\ Aktor}}/\mathrm{dB}$	5,77	6,09	6,24	6,22	5,45
Mittlerer Gewinn $J_{\mathrm{opt}}/J_{\mathrm{Aktor\ aus}}/\mathrm{dB}$	4,05	4,82	5,50	4,72	5,34
Ausrichtungsgewinn $J_{\mathrm{opt}}/J_{(\perp)}/\mathrm{dB}$	1,31	1,44	1,08	1,18	2,31

Tabelle 3.1: Durch Optimierung der Aktorausrichtung maximal erzielbare simulierte Verringerung der zweiten und vierten Motorordnung der Beschleunigung an Bewertungspunkten im Innenraum für unterschiedliche Aktororte für eine optimale Steuerung. **Oben:** Spritzwand, **unten:** Fahrersitzschiene. Vergleichswerte sind die Kriteriumswerte J ohne montierten Aktor ($J_{\mathrm{ohne\ Aktor}}$) bei abgeschaltetem Aktor ($J_{\mathrm{Aktor\ aus}}$) bzw. bei optimal gesteuertem und entlang der jeweiligen Lagerachse (w-Achsen in Abbildung 3.6 auf Seite 34) montiertem Aktor ($J_\perp$). GL=Getriebelager, ML=Motorlager.

einzusetzen. Der Effektivwert der Stellgröße ist ggf. zur Berücksichtigung endlicher Stellgrößen zu beschränken. Weiterhin muss jeweils der durch Überlagerung gewonnene Frequenzgang $G_{\nu,o,b}^{AB}$ zwischen der Aktorstellgröße und der Reaktion am Bewertungspunkt b entsprechend Gleichung 3.7 (Seite 33) eingesetzt werden. Für $\mathbf{Y}_{\nu,o}^{B}$ kann z. B. der Vektor der Bewertungspunktsignale bei ausgeschaltetem Aktor verwendet werden, der für einen am gerade untersuchten Ort in Richtung der jeweiligen Lagerachse montierten Aktor gemessen wurde.

Ergebnisse in Simulation und Experiment

Die zur Beruhigung der Spritzwand bzw. der Fahrersitzschiene maximal erreichbaren Verbesserungen liegen unabhängig vom Aktorort alle in einer relativ ähnlichen Größenordnung (Tabelle 3.1).

Für eine experimentelle Überprüfung wird das linke Motorlager sowie die Beruhigung der Spritzwand näher untersucht. Hier weisen die Rechnungen sowohl auf einen hohen absoluten Gewinn durch das Einschalten des Aktors als auch auf einen großen Gewinn in Relation zu einem senkrecht montierten Aktor hin. Die optimale Aktorrichtung ergibt sich in diesem Fall mit $\theta' \approx 88°$ und $\varphi' = 168°$ nahezu quer zur Achse des Motorlagers. Mangels Bauraum lässt sich diese Ausrichtung jedoch nicht einstellen. Vielmehr beträgt der maximal realisierbare Winkel gegen die Normale $\theta'_{\mathrm{max}} \approx 65°$. Es wird daher die Einstellung $\theta' = 65°$ und $\varphi' = 190°$

verwendet. Diese ist nur unwesentlich schlechter als die optimale Ausrichtung. Dabei ist der Umfangswinkel $\varphi' = 190°$ für den Normalenwinkel $\theta' = 65°$ geringfügig besser als der für $\theta' = 88°$ berechnete Winkel $\varphi' = 168°$.

Mit der optimalen Aktorausrichtung lässt sich die Spritzwand oberhalb von 3500 min^{-1} (Abbildung 3.11) erkennbar besser beruhigen als bei „senkrechter" Ausrichtung entlang der Motorlagerachse (w-Achse in Abbildung 3.6). Die Simulation zeigt jedoch im unteren Drehzahlbereich, dass der senkrecht montierte Aktor das Systemverhalten stärker verbessern würde. Dieser Bereich trägt allerdings wegen der relativ geringen Beschleunigungsamplituden nur wenig zum quadratischen Bewertungskriterium J bei. Entsprechend wird er bei einer Optimierung der Aktorausrichtung wenig beachtet.

Die Simulationen mit den direkt gemessenen Frequenzgängen stimmen sehr gut mit den Experimenten überein (Abbildung 3.11 Mitte und unten). Die Berechnungen mit den durch Überlagerung ermittelten Frequenzgängen weisen ebenfalls qualitativ eine gute Übereinstimmung mit den Experimenten auf. Die Absolutwerte unterscheiden sich allerdings recht deutlich. Dies betrifft insbesondere auch die beiden gemessenen Verläufe für das ungeregelte System bei jeweils senkrecht montiertem Aktor. Die Abweichungen liegen in einer Größenordnung wie sie in Abschnitt 6.1.2 allein auf Veränderungen durch die Fahrzeugerwärmung zurückgeführt werden können. Die der Simulation zugrundeliegenden Messungen wurden an einem anderen Tag durchgeführt als die experimentelle Überprüfung. Entsprechend können die absoluten Unterschiede der Verläufe auf verschiedene Erwärmungszustände des Fahrzeugs zurückgeführt werden.

3.4.2 Optimale Fehlersensorausrichtung für eine ideale Regelung

Berechnung

Analog zu Abschnitt 3.4.1 ergeben sich mit den Gleichungen 2.3 und 2.5 die optimalen Winkel θ'' (gegen die Normale) und φ'' (in Umfangsrichtung) des Fehlersensors als Minimum von

$$J = \sum_{\nu=1}^{N_n} \sum_{o=1}^{N_{MO}} \left(\mathbf{Y}_{\nu,o}^{B} + \mathbf{G}_{\nu,o}^{AB} X_{\nu,o}^{ideal}(\theta'',\varphi'') \right)^{T} \mathbf{W} \left(\mathbf{Y}_{\nu,o}^{B} + \mathbf{G}_{\nu,o}^{AB} X_{\nu,o}^{ideal}(\theta'',\varphi'') \right)^{*}$$

bzgl. θ'' und φ'' mit

$$X_{\nu,o}^{ideal} = -\frac{Y_{\nu,o}^{S}(\theta'',\varphi'')}{G_{\nu,o}^{AS}(\theta'',\varphi'')}.$$

Das projizierte Fehlersensorsignal $Y_{\nu,o}^{S}$ sowie der projizierte Frequenzgang zwischen der Aktorstellgröße und dem Fehlersensorsignal als Reaktion ergeben sich aus den Gleichungen 3.5 und 3.6 von Seite 30. Die Aktorausrichtung wird wegen der ausrichtungsabhängigen Aktorrückwirkung als gegeben angesehen.

Experimentelle Ergebnisse

Zwischen Simulation und Experiment ergibt sich insgesamt eine sehr gute Übereinstimmung. Dazu zeigt Abbildung 3.12 die simulierten bzw. gemessenen Verläufe der Beschleunigungen

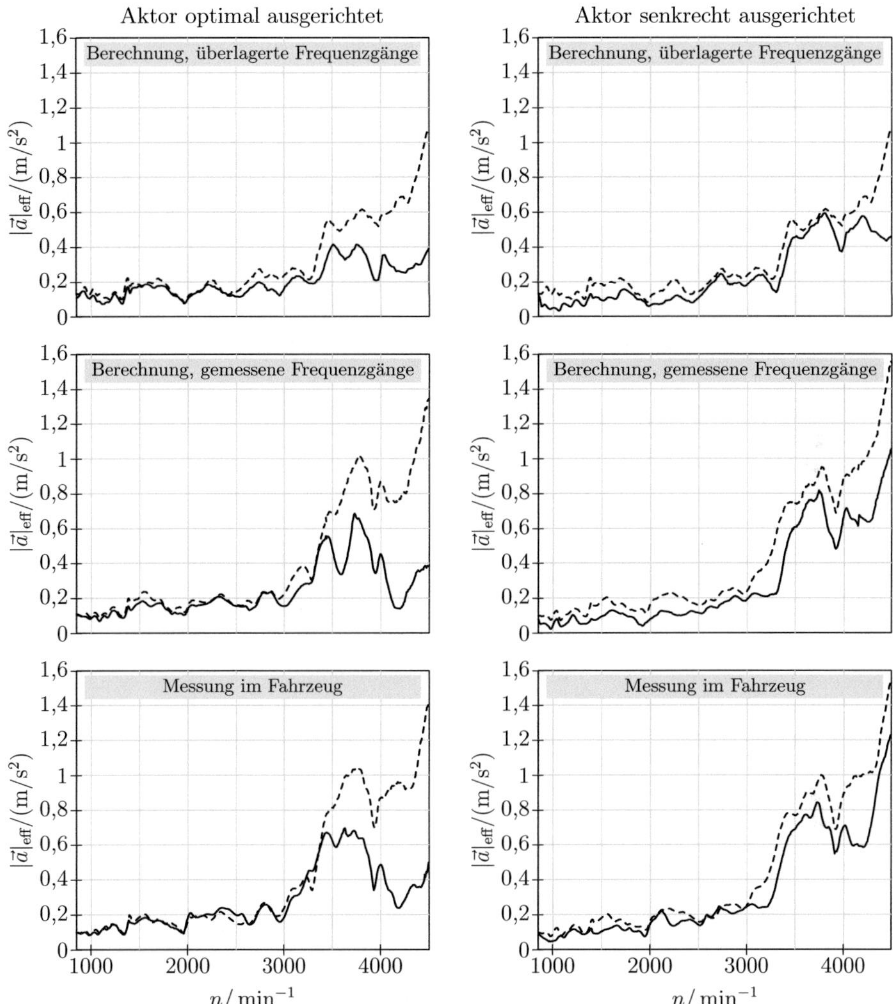

Abbildung 3.11: **Oben**: Simulierte optimale Steuerungen zur Beruhigung der Spritzwand mit den nach Abschnitt 3.2.2 *überlagerten Frequenzgängen*. Die Motorstörungen wurden mit einem senkrecht montierten Aktor gemessen. **Mitte**: Simulierte optimale Steuerungen bei den jeweiligen Aktorausrichtungen. Die Frequenzgänge und das Verhalten im ungeregelten System wurden für beide Aktorausrichtungen *direkt gemessen*. **Unten**: zugehörige experimentelle Ergebnisse. **Links**: nahezu optimal ausgerichteter Aktor, **rechts**: senkrecht montierter Aktor. Das Verhalten bei abgeschaltetem Aktor ist gestrichelt, das bei eingeschaltetem Aktor durchgezogen dargestellt. Die Steuerungen beeinflussen jeweils die zweite und die vierte Motorordnung.

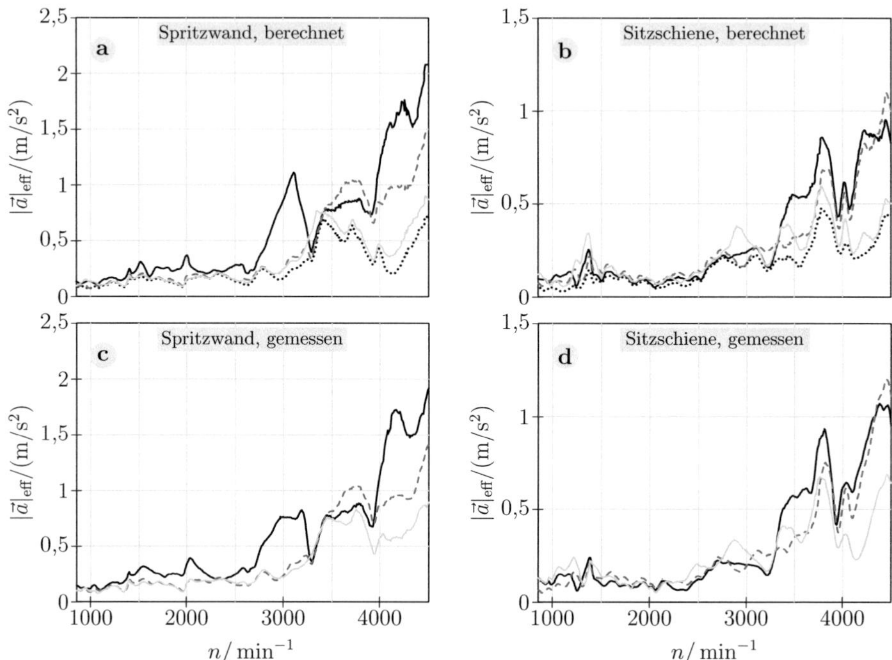

Abbildung 3.12: Effektivwert des Beschleunigungsvektors an der Spritzwand zwischen den Pedalen (**links**) bzw. an der Fahrersitzschiene (**rechts**) bei einem langsamen Motorhochlauf. **Oben**: mit Stellgrößenbeschränkung berechnete, **unten**: gemessene Verläufe. Der Aktor ist am linken Motorlager montiert. Zur Beruhigung der Spritzwand ist er nahezu optimal nach Abschnitt 3.4.1, sonst in Richtung der Motorlagerachse ausgerichtet. Die hellgraue Kurve ergibt sich für einen optimal und die schwarze für einen entlang der Motorlagerachse ausgerichteten Fehlersensor. Der gepunktete Verlauf im oberen Diagramm ist die theoretische Untergrenze durch die optimale Steuerung. Die gestrichelte Kurve zeigt den Verlauf bei abgeschaltetem Aktor. Die gemessenen Verläufe wurden jeweils über drei Hochläufe gemittelt.

an der Spritzwand bzw. Fahrersitzschiene für unterschiedliche Fehlersensorrichtungen. Die optimierte Ausrichtung des Fehlersensors führt zu erheblich besseren Ergebnissen als die zunächst naheliegende Sensorrichtung parallel zur Achse des Motorlagers. Letztere erreicht nur in engen Drehzahlbereichen eine Verbesserung.

Für den Fall der Beruhigung der Fahrersitzschiene (Abbildung 3.12b, d) zeigen sich deutlich die Grenzen des Systems. Erst ab ca. 3750 min^{-1} tritt eine deutliche Verbesserung durch das Zuschalten des Aktors ein. Daneben gibt es Bereiche, in denen das aktive System das Systemverhalten deutlich verschlechtert. Auch wenn sich eine Verbesserung erreichen lässt, bleibt diese hinter den theoretischen Grenzen der optimalen Steuerung zurück. Insbesondere im Drehzahlbereich bis ca. 1500 min^{-1} wird die maximal mögliche Reduktion teilweise um

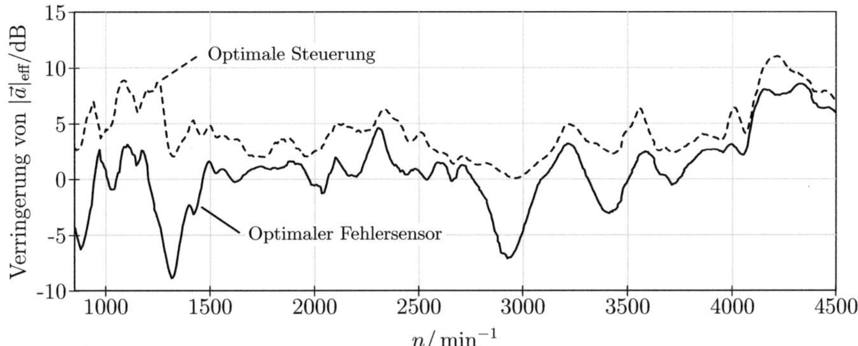

Abbildung 3.13: Berechnete Verringerung der Beschleunigung der Fahrersitzschiene für eine optimale Steuerung (gestrichelt) bzw. eine ideale Regelung mit optimal ausgerichtetem Fehlersensor (schwarz). Der Aktor ist am linken Motorlager unter $\theta' = 0°$ montiert. Der Effektivwert wird aus der zweiten und der vierten Motorordnung berechnet.

mehr als 10 dB verfehlt (Abbildung 3.13).

Zum Teil ist dies auch darauf zurückzuführen, dass das quadratische Störungsmaß J vor allem Drehzahlbereiche mit großen Störungen bei abgeschaltetem Aktor bevorzugt. Entsprechend wird bei der Optimierung u. U. eine große (relative) Verschlechterung bei niedrigen Drehzahlen für eine große (absolute) Verbesserung bei hohen Drehzahlen in Kauf genommen. Gleichwohl erreichen diese Verschlechterungen bei ca. 1350 min^{-1} bzw. 2900 min^{-1} auch absolut schon große Werte.

Zentraler als die Frage nach der Wahl des Bewertungskriteriums ist dagegen, dass beim bisherigen Vorgehen immer ein Kompromiss erforderlich ist. So muss für alle Drehzahlen und damit Anregungsfrequenzen eine einzige Fehlersensorausrichtung gewählt werden. Diese ist zwangsläufig nur suboptimal. Beispielsweise beruhigt ein entlang der Motorlagerachse ausgerichteter Fehlersensor die Fahrersitzschiene zwischen 1400 und 3000 min^{-1} besser als ein für den gesamten Drehzahlbereich optimierter Sensor (Abbildung 3.12d). Durch eine drehzahlabhängige Ausrichtung des Fehlersensors ließe sich das Verhalten entsprechend verbessern.

3.4.3 Optimale Aktor- und Fehlersensororte für eine ideale Regelung

Der vorige Abschnitt zeigt, dass das berechnete und das gemessene Systemverhalten für unterschiedliche Fehlersensorrichtungen gut übereinstimmen. Damit wird nun bei jeweils senkrecht am Lager montiertem Aktor nach den besten Kombinationen von Aktor- und Fehlersensorort gesucht. Wie im Abschnitt 3.4.2 werden dazu für alle Aktor- und Sensororte die bei der optimalen Fehlersensorausrichtung erreichbaren minimalen Kriteriumswerte J berechnet.

Beruhigung der Spritzwand in dB	Aktorort				
	ML rechts	GL rechts	GL links	ML links	Pendelstütze
Optimale Steuerung	2,20	2,42	0,99	2,75	2,57
Ideale Regelung Fehlersensorort — ML rechts	**0,90**	-1,32	-14,95	-6,14	-1,30
Ideale Regelung Fehlersensorort — GL rechts	-1,42	**-0,33**	-11,25	-8,55	-5,06
Ideale Regelung Fehlersensorort — GL links	-2,89	-2,87	**-0,87**	-1,16	-2,78
Ideale Regelung Fehlersensorort — ML links	-5,70	-6,23	-8,16	**1,39**	**1,09**
Ideale Regelung Fehlersensorort — Pendelstütze	-0,50	-3,75	-15,36	-3,72	0,66

Tabelle 3.2: Verringerung des Effektivwerts der Beschleunigung der Spritzwand zwischen den Pedalen für verschiedene Kombinationen von Aktor- und Fehlersensorort durch eine ideale Regelung in Dezibel. Der Effektivwert wird aus der zweiten und vierten Motorordnung berechnet. Der Aktor wird als in Richtung der jeweiligen Lagerachse (w-Achse in Abbildung 3.6 auf Seite 34) montiert angenommen. Die Ausrichtung des Fehlersensors ist jeweils optimiert. Referenz ist die in der obersten Zeile angegebene theoretische Obergrenze durch die optimale Steuerung. Die Optima für jeden Aktorort sind fett gedruckt. GL=Getriebelager, ML=Motorlager.

Beruhigung der Fahrersitzschiene in dB	Aktorort				
	ML rechts	GL rechts	GL links	ML links	Pendelstütze
Optimale Steuerung	2,60	3,36	4,47	3,23	3,20
Ideale Regelung Fehlersensorort — ML rechts	-0,18	-0,84	-14,09	-4,55	-0,94
Ideale Regelung Fehlersensorort — GL rechts	**0,31**	**0,05**	-8,54	-6,65	-6,24
Ideale Regelung Fehlersensorort — GL links	-1,51	-1,98	**1,45**	-2,38	-0,63
Ideale Regelung Fehlersensorort — ML links	-4,37	-6,52	-8,81	**0,61**	-0,90
Ideale Regelung Fehlersensorort — Pendelstütze	-0,69	-4,27	-14,22	-2,74	**0,31**

Tabelle 3.3: Verringerung des Effektivwerts der Beschleunigung der Fahrersitzschiene für verschiedene Kombinationen von Aktor- und Fehlersensorort durch eine ideale Regelung in Dezibel. Der Effektivwert wird aus der zweiten und vierten Motorordnung berechnet. Der Aktor wird als in Richtung der jeweiligen Lagerachse (w-Achse in Abbildung 3.6 auf Seite 34) montiert angenommen. Die Ausrichtung des Fehlersensors ist jeweils optimal. Referenz ist die in der obersten Zeile angegebene theoretische Obergrenze durch die optimale Steuerung. Die Optima für jeden Aktorort sind fett gedruckt. GL=Getriebelager, ML=Motorlager.

Es zeigt sich dabei, dass in acht von zehn untersuchten Fällen der direkt am Aktor montierte Fehlersensor am besten abschneidet (Tabellen 3.2 und 3.3). Nur in zwei der zehn Fälle hat ein vom Aktorort abweichender Fehlersensorort Vorteile. Der Aktorort als Sensorort ist aber auch in diesen Fällen zumindest die zweitbeste Wahl.

Auch hier zeigt sich jedoch wieder, dass die mit einer idealen Regelung erreichbaren Verbesserungen geringer als die für eine optimale Steuerung sind.

Kapitel 4

Neuer Ansatz: drehzahlabhängige Ausrichtung des Fehlersensors

Im folgenden Abschnitt wird eine drehzahlabhängige Ausrichtung des Fehlersensors untersucht. Nach einer Beschreibung des Vorgehens wird zunächst gezeigt, dass eine drehzahlabhängige Ausrichtung des Fehlersensors das Systemverhalten in der Simulation teilweise deutlich verbessern kann. Als Vergleichsmaßstab dient dazu die durch die optimale Steuerung gegebene Untergrenze des Störungsmaßes J.

Daran anschließend wird die Funktionsweise eines drehzahlabhängig ausgerichteten Fehlersensors phänomenologisch analysiert. Aus den Ergebnissen werden Maßnahmen zur Reduktion der Parameterempfindlichkeit abgeleitet.

Im Anschluss daran wird eine vereinfachte Methode entwickelt, mit der geeignete Kennlinien schnell berechnet werden können. Abschließend werden mit diesen Kennlinien ermittelte experimentelle Ergebnisse vorgestellt.

4.1 Ansatz des virtuellen Fehlersensors

Eine mechanische, drehzahlabhängige Ausrichtung des Fehlersensors ist technisch nicht sinnvoll realisierbar. Allerdings lässt sich aus den Messwerten eines triaxialen Beschleunigungsaufnehmers über Gleichung 3.5 (Seite 30) das Signal eines entsprechend ausgerichteten, virtuellen uniaxialen Fehlersensors berechnen. Entsprechend wird der Sensor im Folgenden als „virtueller Fehlersensor" ([37], [36]) bezeichnet.

Für die Projektion sind in Gleichung 3.5 (Seite 30) drehzahlabhängige Fehlersensorwinkel $\theta''(n)$ und $\varphi''(n)$ einzusetzen. Außerdem muss auch das Streckenmodell g^{AS} für das adaptive Filter (Abbildung 2.5 auf Seite 18) angepasst werden. Das resultierende Streckenmodell ist aus den drei Einzelmodellen zwischen dem Filterausgangssignal und den Koordinaten des Beschleunigungsvektors am Fehlersensorort zu berechnen. Dazu sind in Gleichung 3.6 ebenfalls die drehzahlabhängigen Winkel $\theta''(n)$ und $\varphi''(n)$ einzusetzen. Abbildung 4.1 zeigt ein entsprechend modifiziertes System für einen Filtered-X-LMS-Algorithmus.

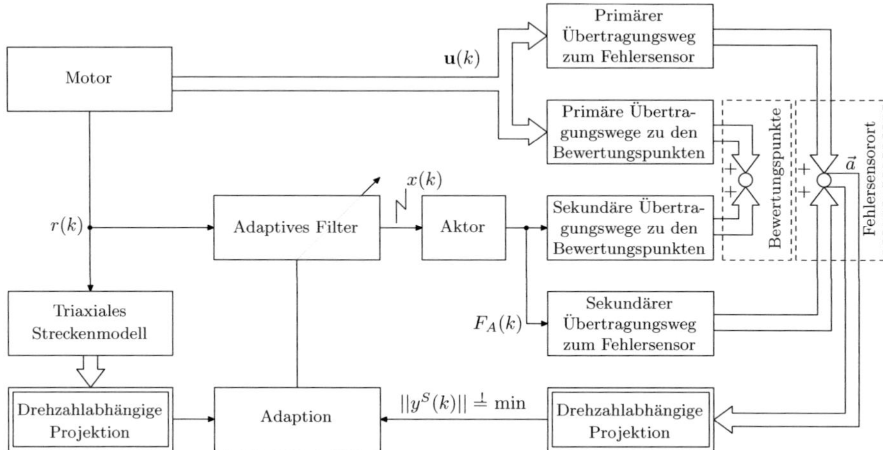

Abbildung 4.1: Blockschaltbild für einen Filtered-X-LMS-Algorithmus mit virtuellem Fehlersensor. Das adaptive Filter erzeugt aus dem kurbelwellensynchronen Referenzsignal $r(k)$ die Stellgröße $x(k)$ (hier: Aktorstrom), aus dem die Kraft $F_A(k)$ hervorgeht. Am Fehlersensorort und an den Bewertungspunkten überlagert sich dieses Signal mit der ursprünglichen Motorstörung $\mathbf{u}(k)$. Adaptionsziel des Filters ist die Minimierung des projizierten Fehlersensorsignals $y^S(k)$ am Fehlersensorort (typischerweise im Motorraum). Auslegungsziel für die drehzahlabhängige Projektion ist die Beruhigung der Bewertungspunkte im Innenraum.

4.2   Abschätzung der erreichbaren Verbesserung

Zur Beurteilung der Möglichkeiten eines solchen drehzahlgesteuerten, virtuellen Fehlersensors werden -für jeden Betriebszustand[1] getrennt- optimale Fehlersensorwinkel φ''_ν und θ''_ν berechnet. Sie ergeben sich aus der Minimierung von

$$\tilde{J}_\nu(\theta''_\nu, \varphi''_\nu) = \sum_{o=1}^{N_{MO}} \sum_{b=1}^{N_B} w_{\nu,o,b} \left| Y^B_{\nu,o,b} + G^{AB}_{\nu,o,b} X_{\nu,o}(\theta''_\nu, \varphi''_\nu) \right|^2. \tag{4.1}$$

Da der virtuelle Fehlersensor mit dem bisher verwendeten Steuergerät eingesetzt werden soll, wird eine ideale Regelung angenommen. Analog zu Abschnitt 2.4.1 folgt daraus mit den Gleichungen 3.5 und 3.6 (Seite 31) die zu minimierende Zielfunktion

$$\tilde{J}_\nu(\theta''_\nu, \varphi''_\nu) = \sum_{o=1}^{N_{MO}} \sum_{b=1}^{N_B} w_{\nu,o,b} \left| Y^B_{\nu,o,b} - G^{AB}_{\nu,o,b} (G^{AS}_{\nu,o}(\theta''_\nu, \varphi''_\nu))^{-1} Y^S_{\nu,o}(\theta''_\nu, \varphi''_\nu) \right|^2. \tag{4.2}$$

---

[1]Vgl. Abschnitt 2.2.1, Seite 8.

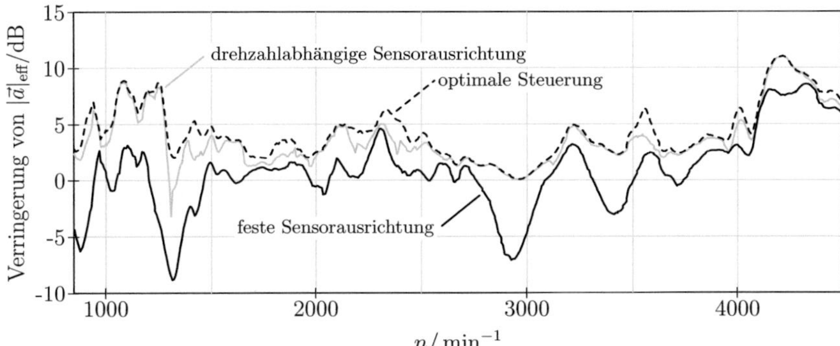

Abbildung 4.2: Simulierte Verbesserung durch das Einschalten des Aktors für einen drehzahlabhängig ausgerichteten Fehlersensor (<u>grau</u>) im Vergleich zu einem optimal fest ausgerichteten Fehlersensor (<u>schwarz</u>) bzw. der optimalen Steuerung (<u>gestrichelt</u>). Kriterium: Effektivwert des Beschleunigungsvektors der Sitzschiene in der zweiten und vierten Motorordnung. Der Aktor ist am linken Motorlager in Richtung der Lagerachse montiert.

Zur Vereinfachung wird wieder von einem vorgegebenen Aktorort und einer festen Aktorausrichtung ausgegangen. Somit ist der Frequenzgang $G_{\nu,o,b}^{AB}$ zwischen dem Aktorstrom und den Reaktionen an den Bewertungspunkten bekannt.

Je nach Bewertungspunkt lassen sich teilweise deutlich größere Verbesserungen als bei fester Fehlersensorrichtung berechnen (Abbildung 4.2). Bis auf einen Einbruch bei ca. 1400 $\min^{-1}$ lässt sich z. B. der aus der zweiten und vierten Motorordnung gebildete Effektivwert des Beschleunigungsvektors der Fahrersitzschiene erheblich verringern. Die durch die optimale Steuerung vorgegebene Untergrenze wird oft nur unwesentlich verfehlt.

4.3 Analyse der Funktionsweise

Optimal wäre es, den Fehlersensor gerade immer so auszurichten, dass die jeweils störende Schwingungsform gemessen und durch die Regelung kompensiert wird. Genauso ist die Unterdrückung der vom Motorlager kommenden Anregung einer fahrzeugweiten Schwingungsform zielführend.

Zur Erläuterung wird der Biegebalken mit der Dichte ρ und der Querschnittsfläche A in Abbildung 4.3 betrachtet. Der Balken werde in der Mitte mit einer in der y-z-Ebene wirkenden harmonischen Störkraft F_s mit der ersten Biegeeigenfrequenz in y-Richtung (vgl. Anhang A.3.1, Seite 128 f.)

$$f_{y,1}^e = \frac{\pi}{2L^2}\sqrt{\frac{EI_{zz}}{\rho A}}$$

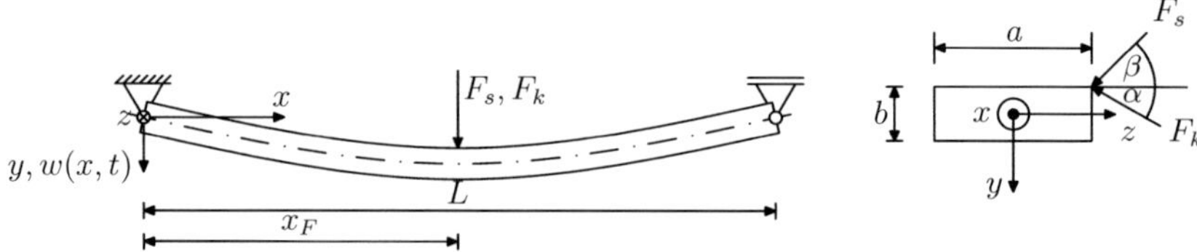

Abbildung 4.3: Biegebalken zur gewollten Fehlersensorausrichtung

angeregt. Wegen

$$I_{zz} = \frac{ab^3}{12} < I_{yy} = \frac{a^3 b}{12} \qquad \text{für } a > b$$

gilt bei den gewählten Querschnitten für die erste Eigenfrequenz der Bewegung in z-Richtung

$$f_{z,1}^e = \frac{\pi}{2L^2} \sqrt{\frac{E I_{yy}}{\rho A}} > f_{y,1}^e.$$

Der Balken schwingt damit vor allem in y-Richtung.

Richtet man einen Fehlersensor in Balkenmitte in Richtung der y-Achse aus, kann man mit der Kompensationskraft F_k die Schwingung in y-Richtung idealerweise vollständig unterdrücken. Dabei wird die Schwingung in z-Richtung möglicherweise zwar verstärkt. Durch die Anregung unterhalb der ersten Eigenfrequenz in z-Richtung ist die Amplitude der Gesamtbewegung jedoch deutlich geringer, als sie ohne die Kompensationskraft vorher in y-Richtung war. Würde man stattdessen den Fehlersensor in z-Richtung ausrichten, um die Bewegung in z-Richtung zu unterdrücken, würde die schwach gedämpfte Bewegung in y-Richtung verstärkt.

Gehen dagegen andere Bewegungen als die des Balkens in das Bewertungskriterium ein, ist eine Beruhigung der Schwingung in y-Richtung u. U. nicht optimal. Z. B. könnte das Ziel für das Beispiel in der Beruhigung eines bestimmten Punktes in der näheren Umgebung bestehen, der über ein gemeinsames Fundament mit dem Balken gekoppelt ist. Gibt es noch andere Einkopplungen von Störkräften als F_s, wird eine Beruhigung des Balkens den Bewertungspunkt nicht vollständig beruhigen können. Durch die Ausrichtung des virtuellen Fehlersensors lassen sich allerdings Betrag und Phase der gestellten Aktorkraft in gewissen Bereichen variieren. Entsprechend verändert sich auch das Signal am Bewertungspunkt außerhalb des Balkens durch die Veränderung der Fehlersensorausrichtung.

Je nach Ausmaß der zusätzlichen Störungen besteht die optimale Ausrichtung des virtuellen Fehlersensors in Balkenmitte dann in einer scheinbar beliebigen Richtung. Diese ist unabhängig von der Bewegung des Balkens. Sie ist allein dadurch optimal, dass die Kompensationskraft F_k am Bewertungspunkt ein phasen- und betragsrichtiges Signal zur Beruhigung des Bewertungspunktes erzeugt.

4.3.1 Tatsächliche Ausrichtung

Gegen diese letzte Art der Fehlersensoroptimierung bestehen zunächst keine Vorbehalte, sofern sich nicht das Fahrzeugverhalten an anderen Stellen deutlich verschlechtert. Allerdings ist damit zu rechnen, dass die der Synthese einer geeigneten Stellgröße dienende Sensorausrichtung eine große Parameterempfindlichkeit aufweist.

Anscheinend kommen in der Praxis beide Fälle vor. Dazu ist in Abbildung 4.4 der Fall dargestellt, der auf eine Kompensation hindeutet.[2] Hier gibt es größere zusammenhängende Bereiche auf der Einheitskugel in denen eine entsprechende Fehlersensorausrichtung das Systemverhalten verbessert. Richtungen mit einer Verschlechterung liegen dazu fast orthogonal. Tendenziell ergeben sich solche Zusammenhänge vor allem bei höheren Motordrehzahlen.

Im unteren und mittleren Drehzahlbereich wird der Fehlersensor oft so ausgerichtet, dass sich eine geeignete Stellgröße ergibt. Dazu zeigt die Abbildung 4.5 ein Beispiel für die zweite Motorordnung ($o = 2$) bei $n_\nu = 2950\ \mathrm{min}^{-1}$ (entsprechend 98,3 Hz). Hier liegt die optimale Fehlersensorrichtung für ein minimales $\tilde{J}_\nu$ (Abbildung 4.5a) nahe bei einer Nullstelle des projizierten Frequenzgangs

$$G^{AS}_{\nu,o=2}(\theta'', \varphi'') = \sin\theta'' \cos\varphi'' G^{AS}_{u'',\nu,o=2} + \sin\theta'' \sin\varphi'' G^{AS}_{v'',\nu,o=2} + \cos\theta'' G^{AS}_{w'',\nu,o=2}$$

zwischen dem Fehlersensorsignal und dem Aktorstrom als Anregung.[3] Die Nullstelle von $G^{AS}_{\nu,o=2}(\theta'', \varphi'')$ führt wegen $X_{\nu,o=2}(\theta'', \varphi'') = -Y^{S}_{\nu,o=2}(\theta'', \varphi'')/G^{AS}_{\nu,o=2}(\theta'', \varphi'')$ mit dem projizierten Fehlersensorsignal $Y^{S}_{\nu,o=2}(\theta'', \varphi'')$ bei der idealen Regelung zu einer Polstelle der Stellgröße $X_{\nu,o=2}(\theta'', \varphi'')$ für diese Sensorausrichtung.

Zusätzlich liegt die optimale Fehlersensorausrichtung in Abbildung 4.5 dicht bei der Ausrichtung, für die der Fehlersensor senkrecht auf der Bewegungsebene des Fehlersensorortes bei abgeschaltetem Aktor steht. Entsprechend werden an der in Abbildung 4.5 mit einem o markierten Stelle das projizierte Fehlersensorsignal

$$Y^{S}_{\nu,o=2}(\theta'', \varphi'') = \sin\theta'' \cos\varphi'' Y^{S}_{u'',\nu,o=2} + \sin\theta'' \sin\varphi'' Y^{S}_{v'',\nu,o=2} + \cos\theta'' Y^{S}_{w'',\nu,o=2}$$

nach Gleichung 3.5 (Seite 30) und somit auch die Stellgröße $X_{\nu,o=2}$ null.

Zwischen dem Pol und der Nullstelle von $X_{\nu,o=2}$ lassen sich durch die Variation der Fehlersensorrichtung nahezu beliebige Aktorstromamplituden für die zweite Motorordnung einstellen (Teilbild c). Je größer die Stellgröße X sein muss, desto näher ist der Fehlersensor in Richtung der Polstelle auszurichten. Je dichter er der Ausrichtung mit der Nullstelle der Stellgröße X kommt, desto kleiner wird die Stellgröße. Außerdem kann in diesem Bereich nahezu jeder Phasenwinkel zwischen $\pm\pi$ eingestellt werden (Teilbild d).

In diesem Fall scheint daher eine reine Synthetisierung eines entsprechenden Aktorsignals durch eine bestimmte Ausrichtung des Fehlersensors vorzuliegen. Entsprechend führen kleinere Abweichungen von der optimalen Fehlersensorrichtung, insbesondere solche in Richtung der Polstelle der Stellgröße, u. U. zu einer erheblichen Verschlechterung des Systemverhaltens. Ursache sind die beiden dicht beieinander liegenden Extrema im Abbildung 4.5a.

---

[2] Die Färbung an jedem Punkt der Kugeloberfläche quantifiziert die jeweils dargestellte Größe, die zu der Fehlersensorrichtung vom Zentrum zu diesem Oberflächenpunkt gehört.

[3] Siehe Gleichung 3.6 auf Seite 31.

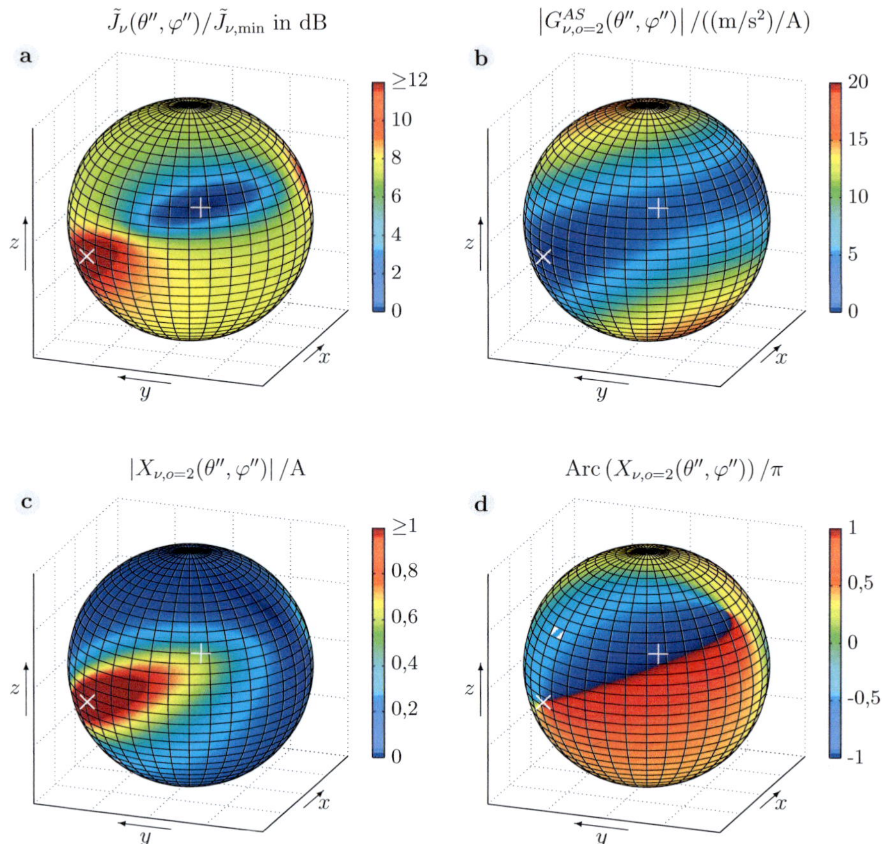

Abbildung 4.4: Analyse der Funktionsweise des virtuellen Fehlersensors. Die Färbung eines Oberflächenpunktes (θ'', φ'') der Kugel entspricht dem Wert der jeweils dargestellten Größe bei einer Ausrichtung des Fehlersensors vom Ursprung zu diesem Punkt.
Bild a: Störungsmaß $\tilde{J}_\nu$ in Bezug auf das minimale $\tilde{J}_\nu$ bei optimaler Fehlersensorausrichtung. Bewertungskriterium ist der Effektivwert der Beschleunigung der Spritzwand zwischen den Pedalen, berechnet aus der zweiten Motorordnung bei $n_\nu = 4000\ \mathrm{min}^{-1}$ (entsprechend 133,3 Hz). **Bild b:** Betrag des projizierten Übertragungsverhältnisses $\left| G^{AS}_{\nu,o=2}(\theta'', \varphi'') \right|$ des Fehlersensorsignals in Relation zum Aktorstrom für 133,3 Hz. **Bild c:** Betrag, **Bild d:** Phase der jeweiligen Aktorstellgröße $X_{\nu,o=2}$.
Das Störungsmaß $\tilde{J}_\nu$ weist ein relativ breites Minimum (mit + gekennzeichnet) auf. Außerdem ist das Minimum von $\left| G^{AS}_{\nu,o=2} \right|$ (als × markiert) sehr weit von der optimalen Ausrichtung entfernt. Dies spricht dafür, dass die Einleitung der Vibrationen durch den Motor unterdrückt wird und keine reine Signalsynthese stattfindet.

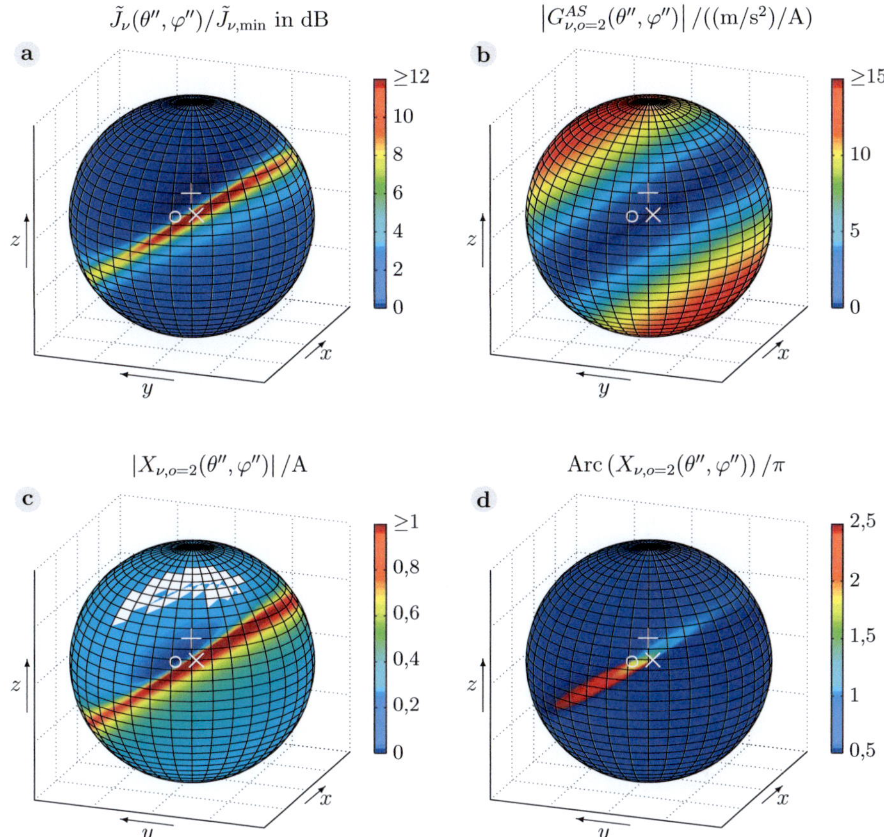

Abbildung 4.5: Analyse der Funktionsweise des virtuellen Fehlersensors. Die Färbung eines Oberflächenpunktes (θ'', φ'') der Kugel entspricht dem Wert der jeweils dargestellten Größe bei einer Ausrichtung des Fehlersensors vom Ursprung zu diesem Punkt.
Bild a: Störungsmaß $\tilde{J}_\nu$ bezogen auf das minimale $\tilde{J}_\nu$ bei optimaler Fehlersensorausrichtung. Bewertungskriterium ist der Effektivwert der Beschleunigung der Spritzwand, berechnet aus der zweiten Motorordnung bei $n_\nu = 2950\ \mathrm{min}^{-1}$ (entsprechend 98,3 Hz). **Bild b:** Betrag des Übertragungsverhältnisses $|G^{AS}_{\nu,o=2}|$ des Fehlersensorsignals bezogen auf den Aktorstrom bei 98,3 Hz. **Bild c:** Betrag, **Bild d:** Phase der jeweiligen Stellgröße $X_{\nu,o=2}$.
Dicht bei der optimalen Fehlersensorrichtung (mit + markiert) wird der Betrag des Frequenzgangs $|G^{AS}_{\nu,o=2}|$ null, so dass die Stellgröße $X_{\nu,o=2}$ einen Pol (×) aufweist. Unweit davon hat auch das projizierte Fehlersensorsignal bei abgeschaltetem Aktor $Y^S_{\nu,o=2}$ und damit die Stellgröße $X_{\nu,o=2}$ eine Nullstelle (○). Der Sensor steht hier senkrecht auf der Schwingungsebene am Fehlersensorort. Zwischen dem Pol und der Nullstelle von $X_{\nu,o=2}$ lassen sich durch die Fehlersensorausrichtung nahezu beliebige Beträge (Bild c) bzw. Phasen der Stellgröße (Bild d) einstellen. Die Sensorausrichtung dient hier der Generierung einer günstigen Stellgröße.

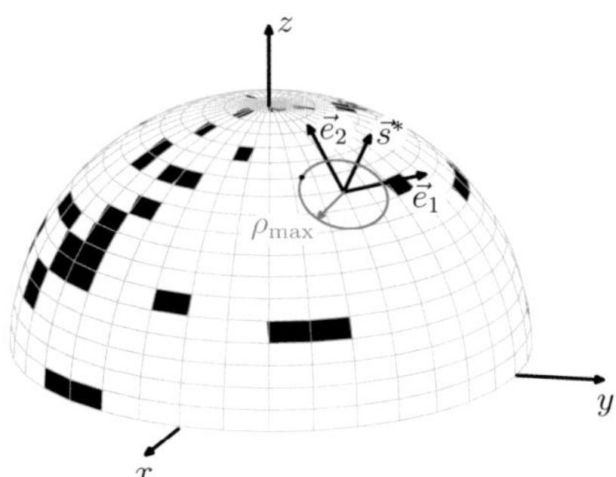

Abbildung 4.6: Eingesetztes Suchgitter zur Analyse der Funktionsweise des virtuellen Fehlersensors. Die Umgebung $\mathcal{U}$ ist als Kreisscheibe eingezeichnet.

Für eine genauere Betrachtung wird das Störungsmaß $\tilde{J}_\nu$ bei verschiedenen Drehzahlen in einer Umgebung $\mathcal{U}$ um die optimale Ausrichtung mit einem Suchgitter mit 32 Punkten abgesucht (Punkte in Abbildung 4.6). Ausgehend von der optimalen Richtung $\vec{s}^* = [s_1^*, s_2^*, s_3^*]^T$ des Fehlersensors werden dabei die Fehlersensorrichtungen $\vec{r}$ mit

$$\vec{r}^* = \vec{s}^* + \tan\rho(\cos\xi\,\vec{e}_1 + \sin\xi\,\vec{e}_2)$$

$$\vec{r} = \frac{\vec{r}^*}{|\vec{r}^*|}$$

für $\xi = \pi/4, \pi/2, \ldots, 2\pi$ sowie $\rho = 2{,}5°,\ 5°,\ 7{,}5°,\ 10° = \rho_{\mathrm{max}}$ ausgewertet. Durch diese Wahl von $\vec{r}$ wird sichergestellt, dass ein gleich großer Bereich unabhängig vom Ort auf der Kugel abgesucht wird.[4] Dabei deckt der Suchbereich $1 - \cos\rho_{\mathrm{max}} \approx 1{,}5\,\%$ der Oberfläche der für die Fehlersensorausrichtung relevanten oberen Halbkugel ab.[5] Die Einheitsvektoren $\vec{e}_1$ und $\vec{e}_2$ stehen orthogonal aufeinander sowie auf $\vec{s}^*$ und lassen sich für $s_1^* \neq 0$ durch

$$\vec{e}_1 = \frac{1}{\sqrt{1 + \left(\dfrac{s_2^*}{s_1^*}\right)^2}} \begin{bmatrix} -\dfrac{s_2^*}{s_1^*} \\ 1 \\ 0 \end{bmatrix} \qquad \text{und} \qquad \vec{e}_2 = \vec{s}^* \times \vec{e}_1 \tag{4.3}$$

berechnen.[6]

Im Folgenden werden zwei Kriterien für die Parameterempfindlichkeit durch direkt beieinanderliegende, besonders gute und schlechte Ausrichtungen des Fehlersensors untersucht. Zum

---

[4]Dies ist z. B. nicht gegeben, wenn beide Fehlersensorwinkel einfach um einen bestimmten Wert variiert werden: Für den Normalenwinkel $\theta'' = 0$ ändert eine Variation des Umfangswinkels φ'' die Ausrichtung des Fehlersensors nicht.

[5]Zu jeder Sensorrichtung auf der unteren Halbkugel gibt es eine äquivalente Ausrichtung auf der oberen Halbkugel (vgl. Abschnitt 4.5.2), so dass nur die obere Halbkugel untersucht werden muss.

[6]Der Vektor $\vec{s}^*$ ist Normaleneinheitsvektor der Tangentialebene $s_1^* x + s_2^* y + s_3^* z = 1$ an die Einheitskugel. Für $s_1^* = 0$ ist die Koordinatengleichung der Tangentialebene entsprechend nach y bzw. z aufzulösen, statt wie in Gleichung 4.3 nach x.

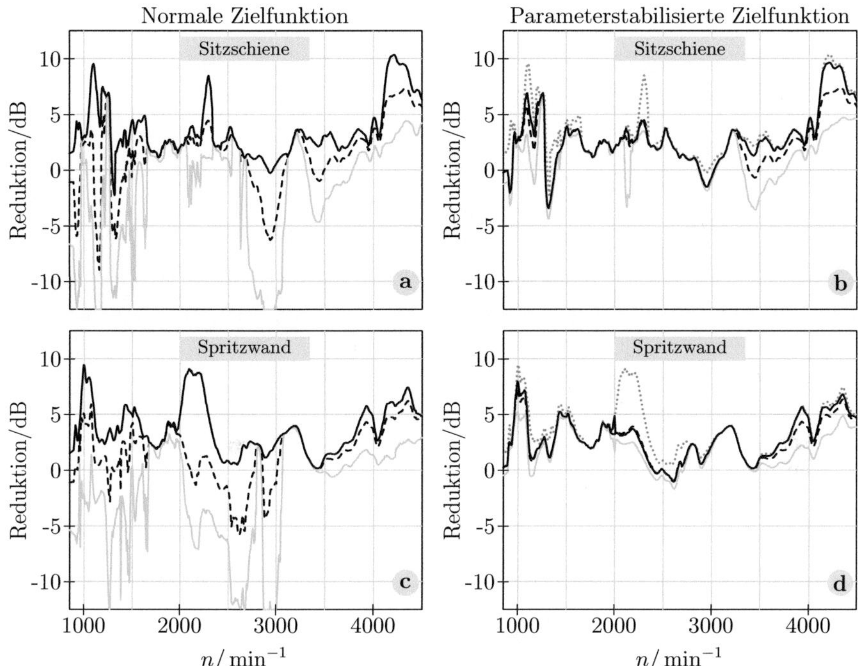

Abbildung 4.7: Verringerung des aus der zweiten und vierten Motorordnung gebildeten Effektivwerts des Beschleunigungsvektors der Spritzwand zwischen den Pedalen (**unten**) bzw. der Fahrersitzschiene (**oben**). Bezugsgröße ist das Systemverhalten bei abgeschaltetem Aktor. **Links** wird die Kennlinie direkt, **rechts** mit parameterstabilisierter Zielfunktion berechnet. Schwarz: Optimal drehzahlabhängig ausgerichteter Fehlersensor, gestrichelt: Mittelwert in einer Umgebung $\mathcal{U}$ für $\rho_{max} = 10°$, grau: schlechtester Wert innerhalb der Umgebung um die optimale Ausrichtung. Gepunktet: Optimaler Verlauf ohne Parameterstabilisierung. Der Darstellungsbereich ist nach unten abgeschnitten.

einen wird der Mittelwert $\overline{\tilde{J}_\nu}$ der Störungsmaße aller berücksichtigten Fehlersensorrichtungen innerhalb der Umgebung $\mathcal{U}$ verwendet. Er entspricht einer Art Erwartungswert, wenn sich die Sensorachse in einem bestimmten Bereich zufällig verändert.[7] Zum anderen wird der maximale Wert des Störungsmaßes $\tilde{J}_\nu$ in $\mathcal{U}$ betrachtet. Mit ihm kann die Steilheit der Zielfunktion um das Maximum herum bzw. der Worst-Case abgeschätzt werden.

Mit diesen Größen zeigt sich erst bei Drehzahlen von ca. 3200 min^{-1} eine geringe Empfindlichkeit gegen Abweichungen von der optimalen Fehlersensorrichtung (Abbildung 4.7a, c).

---

[7]Da nichts über die Verteilung der Winkelabweichungen bekannt ist und die untersuchten Sensorrichtungen nicht äquidistant liegen, handelt es sich nicht um einen Erwartungswert im strengen Sinne.

Bei niedrigeren Drehzahlen kann es im ungünstigsten Fall zu erheblichen Verschlechterungen durch das Einschalten des aktiven Systems kommen. Unabhängig davon, ob der Fehlersensor zur Beruhigung der Spritzwand (Bild 4.7a) oder der Fahrersitzschiene (Bild 4.7c) ausgelegt wird, wird der optimale Verlauf oft um mehr als 12 dB verfehlt.

Wegen der hohen Parameterempfindlichkeit ist anzunehmen, dass der virtuelle Fehlersensor bei niedrigen Drehzahlen primär zur Synthese eines geeigneten Aktorsignals verwendet wird.

4.3.2   Verbesserung der tatsächlichen Ausrichtung

Zur Erhöhung der Parameterstabilität durch eine Vermeidung der reinen Signalsynthese des virtuellen Fehlersensors, wie sie z. B. in Abbildung 4.5 stattfindet, sind zwei Ansätze denkbar:

1. Einbeziehung von vielen Bewertungspunkten im Innenraum.

2. Verwendung einer parameterstabilisierten Zielfunktion an Stelle von $\tilde{J}_\nu$. Durch sie soll nicht die *eine* optimale Ausrichtung des Fehlersensors mit minimalem Störungsmaß $\tilde{J}_\nu$ als Punktoptimum bestimmt werden. Vielmehr soll eine Richtung gefunden werden, die die Mitte eines ausgedehnteren Bereiches ist, über den die Zielfunktion *im Mittel* am kleinsten ist (Bereichsoptimum).

Durch die Berücksichtigung möglichst vieler Bewertungspunkte wird versucht, eine lokale Optimierung zu vermeiden und das Fahrzeugverhalten insgesamt zu verbessern. Je mehr verschiedene Bewertungspunkte erfasst werden, desto größer ist der Zwang, den Fehlersensor so auszurichten, dass die Schalleinleitung insgesamt geringer wird. Allerdings wird die mittlere Verbesserung über alle Bewertungspunkte abnehmen. Auch kann es zugunsten der mittleren Verbesserung zu einer Verschlechterung des Komforts an einzelnen Bewertungspunkten kommen. Dies wird bei einer Reduktion der Einleitung auch dann der Fall sein, wenn vorher eine weitgehend destruktive Interferenz einzelner Schallquellen vorlag.[8]

Demgegenüber weist der zweite Ansatz nach wie vor eine Konzentration auf die Optimierung des Fahrzeugverhaltens an einem bestimmten Bewertungspunkt auf. Jedoch werden empfindliche Optima unterdrückt, die dicht an einer sehr schlechten Ausrichtung liegen. Um den Rechenaufwand gering zu halten, werden dazu entsprechend[9]

$$\vec{r}_i = \vec{s}(\theta_\nu'', \varphi_\nu'') + \tan\rho\sqrt{1 + \frac{4}{\pi}\operatorname{rem}\left(\xi_i, \frac{\pi}{2}\right)}(\cos\xi_i\vec{e}_1 + \sin\xi_i\vec{e}_2)$$

mit $\xi_i = 0, \frac{\pi}{4}, \frac{\pi}{2}, \frac{3\pi}{4}, \ldots, \frac{7\pi}{4}$ und $\rho = 10°$ sowie $\vec{e}_1$ bzw. $\vec{e}_2$ nach Gleichung 4.3 acht Richtungen um die optimale Fehlersensorrichtung herum ausgewertet (Abbildung 4.8). Eine alternative Zielfunktion wäre damit z. B.

$$\tilde{J}_\nu^*(\theta_\nu'', \varphi_\nu'') = \tilde{J}_\nu^*(\vec{s}) = \frac{1}{2}\left(\tilde{J}_\nu(\vec{s}) + \sqrt{\frac{1}{8}\sum_{i=1}^{8}\tilde{J}_\nu^2(\vec{r}_i)}\right). \tag{4.4}$$

---

[8]Vgl. dazu auch die Ausführungen in Abschnitt 5.1.1 auf Seite 70.
[9]Die Funktion $\operatorname{rem}(x, y)$ kennzeichnet den Rest der Division x/y.

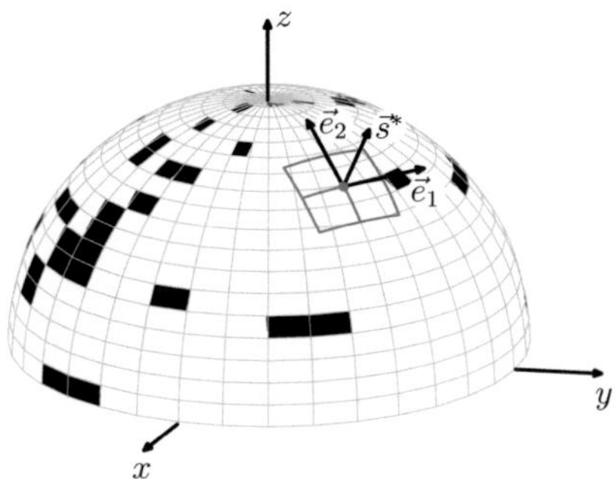

Abbildung 4.8: Gitterpunkte für die parameterstabilisierte Zielfunktion

Neben dem Verhalten bei der eigentlich untersuchten, durch θ''_ν und φ''_ν beschriebenen Fehlersensorrichtung $\vec{s}$ wird der quadratische Mittelwert der Kriteriumswerte auf Gitterpunkten in der Nähe dieser Ausrichtung untersucht. Dabei wird das Gitter wieder so gewählt, dass der Punktabstand unabhängig von der jeweiligen Sensorausrichtung ist.

Mit dieser modifizierten Zielfunktion ergeben sich erkennbar stabilere Ergebnisse (Abbildung 4.7b,d). Nur noch bei wenigen Drehzahlen treten im Worst-Case Verschlechterungen durch das Einschalten des Aktors auf. Allerdings geht die zusätzliche Sicherheit mit einem zumeist geringen Performance-Verlust einher. In Relation zur normalen Zielfunktion sind die erzielbaren Verbesserungen insbesondere dort gering, wo die Parameterstabilisierung am wirkungsvollsten ist (z. B. bei $2200\,\mathrm{min}^{-1}$ in Abbildung 4.7d).

4.4 Sensitivität eines uniaxialen Fehlersensors

Die Parameterempfindlichkeit des virtuellen Fehlersensors scheint zunächst eine Folge der hohen Anpassung der Fehlersensorrichtung an das spezielle Systemverhalten zu sein. Weicht das angenommene vom tatsächlichen Systemverhalten ab, wird sich das Verhalten u. U. stärker verändern als bei einer weniger gut angepassten Lösung. Es zeigt sich jedoch, dass der virtuelle Fehlersensor mit der parameterstabilisierten Zielfunktion sogar unempfindlicher als ein fest montierter Fehlersensor ist (Abbildung 4.9). In einer Umgebung $\mathcal{U}$ um die optimale feste Ausrichtung herum ergeben sich mit dem Vorgehen in Abschnitt 4.3.1 im ungünstigsten Fall Verschlechterungen von mehr als $10\,\mathrm{dB}$. Dabei macht es praktisch keinen Unterschied, ob man (wie in Abbildung 4.9) für die Berechnung der optimalen Sensorausrichtung eine parameterstabilisierte Zielfunktion

$$J^* = \sum_{\nu=1}^{N_n} \tilde{J}^*_\nu(\theta'', \varphi'')$$

oder das normale Störungsmaß J verwendet.

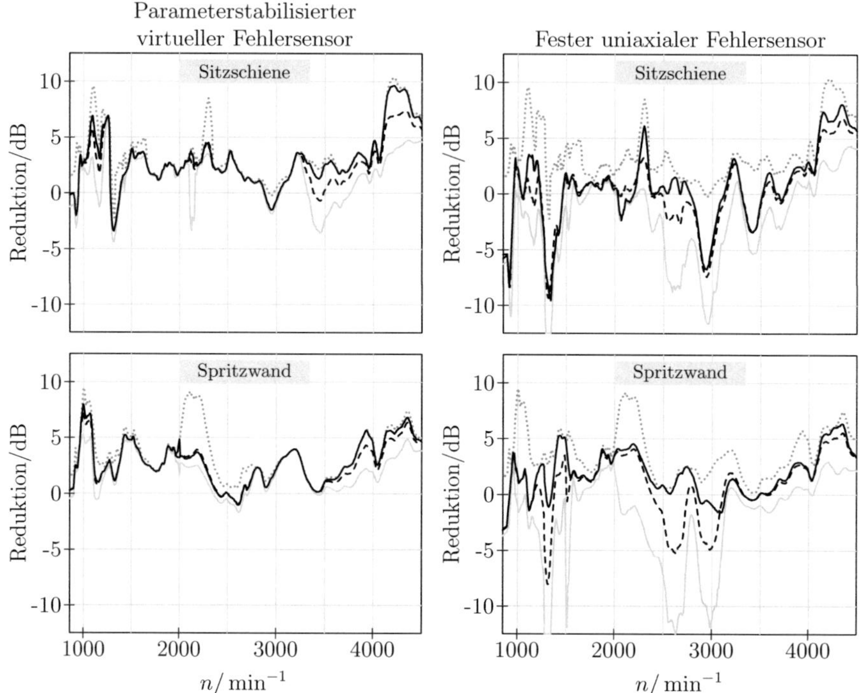

Abbildung 4.9: Verringerung des aus der zweiten und vierten Motorordnung gebildeten Effektivwerts des Beschleunigungsvektors der Spritzwand zwischen den Pedalen (**unten**) bzw. der Fahrersitzschiene (**oben**). Bezugsgröße ist das Systemverhalten bei abgeschaltetem Aktor. **Links:** mit der parameterstabilisierten Zielfunktion berechneter virtueller Fehlersensor. **Rechts:** mit der parameterstabilisierten Zielfunktion berechneter optimal fest ausgerichteter Fehlersensor. Schwarz: Jeweils optimal ausgerichteter Fehlersensor, gestrichelt: Mittelwert in einer Umgebung $\mathcal{U}$ für $\rho_{\max} = 10°$, grau: schlechtester Wert innerhalb der Umgebung um die optimale Ausrichtung. Gepunktet: Virtueller Fehlersensor ohne Parameterstabilisierung (ideale Kennlinie). Der Darstellungsbereich ist nach unten abgeschnitten.

4.5   Berechnung der Fehlersensorkennlinien

Zur Vereinfachung wird im Folgenden eine ausschließlich motordrehzahlabhängige Ausrichtung des Fehlersensors betrachtet.[10] Die dazu zu verwendenden Ansatzfunktionen für die mathematische Beschreibung der Fehlersensorwinkel als Funktion der Motordrehzahl müssen einige Forderungen erfüllen. Da die Fehlersensorkennlinien auf Messwerten basieren, sollten

---

[10]Für unterschiedliche Stellungen eines Schaltgetriebes könnten z. B. mehrere solcher Kennlinien angelegt werden.

sie zum einen in der Lage sein, zufällige Fehler in den Messwerten auszugleichen. Zum anderen ist ein möglichst glatter Verlauf der Kennlinien wünschenswert. Ändert sich die Drehzahl nur gering, sollten sich die Fehlersensorwinkel ebenfalls nur mäßig ändern. Ansonsten würden sich sprungförmige Änderungen des projizierten Fehlersensorsignals ergeben, an die sich das adaptive Filter anpassen müsste.

Aus diesen Gründen erscheint die Verwendung von Ausgleichskurven zweckmäßiger als die von reinen Wertetabellen. Um eine Regression durchführen zu können, müssen diese Funktionen durch weniger Parameter beschrieben werden als Messdaten zur Verfügung stehen.

Als Kennlinienfunktionen ließen sich z. B. Polynome höherer Ordnung verwenden. Liegen die Daten nicht dicht genug, ergeben sich jedoch oft starke Überschwinger. Auch weisen Polynome schlechte Extrapolationseigenschaften auf. Letzteres ist hier nicht relevant, da der Eingangswertebereich durch den genutzten Drehzahlbereich beschränkt ist. Allerdings zeigte sich, dass die Abbildungsqualität auch bei einem Polynomgrad von 20 nicht ausreicht.

Stattdessen werden hier sogenannte lokal lineare Modelle zur Kennlinienwiedergabe verwendet. Diese werden u. a. zur Approximation von Kennlinien an Stelle von Wertetabellen, zur Identifikation dynamischer nichtlinearer Modelle ([58], [45], [85]) sowie zur Interpolation von funktionalen Zusammenhängen [39, S. 74 ff.] verwendet.

In diesen Modellen werden $m = 1 \ldots M$ lineare Funktionen $y_m(x) = w_{0,m} + w_{1,m}x$ entsprechend

$$y(x) = \sum_{m=1}^{M} y_m(x)\Phi_m(x) = \sum_{m=1}^{M} (w_{0,m} + w_{1,m}x)\Phi_m(x)$$

gewichtet überlagert (Abbildung 4.10). Durch die normierten Gewichtungsfaktoren Φ_m mit $0 \leq \Phi_m \leq 1$ und

$$\sum_{m=1}^{M} \Phi_m(x) = 1$$

erhält jedes lineare Modell einen Bereich, in dem es die anderen Modelle dominiert. Gleichzeitig wird so der Übergang zwischen den einzelnen Modellen gesteuert.

Als Gewichte werden vielfach wie in Abbildung 4.10 normierte Gaußglockenkurven

$$\Phi_m(x, c_m, \sigma_m) = \frac{z_m}{\sum_{j=1}^{M} z_j}, \quad z_j = \exp\left(-\frac{1}{2}\left(\frac{x - c_j}{\sigma_j}\right)^2\right)$$

verwendet. Dadurch erhält jedes der m linearen Modelle durch die Mitten der Glockenkurven $c_m = (b_m + b_{m+1})/2$ einen Bereich mit den Grenzen $[b_m, b_{m+1}]$, in dem es den Verlauf von $y(x)$ stärker als die übrigen Modelle bestimmt. Über die Standardabweichung σ_m wird der Übergang, d. h. das Verschleifen der Geradenabschnitte gesteuert. Oft wird σ_m mit $\sigma_m = f_s(b_{m+1} - b_m)$ proportional zur Breite des Hauptbereichs des Modells m gesetzt ([84, S. 365], [39, S. 75]). Werte von $f_s \rightarrow 0$ führen zu einem harten Umschalten zwischen den linearen Teilmodellen, während große Werte sehr weiche Funktionen generieren.

Zur Berechnung der drehzahlabhängigen Winkelkennlinien zur Ausrichtung des virtuellen Fehlersensors sind zwei Möglichkeiten denkbar. Zum einen können die Parametervektoren

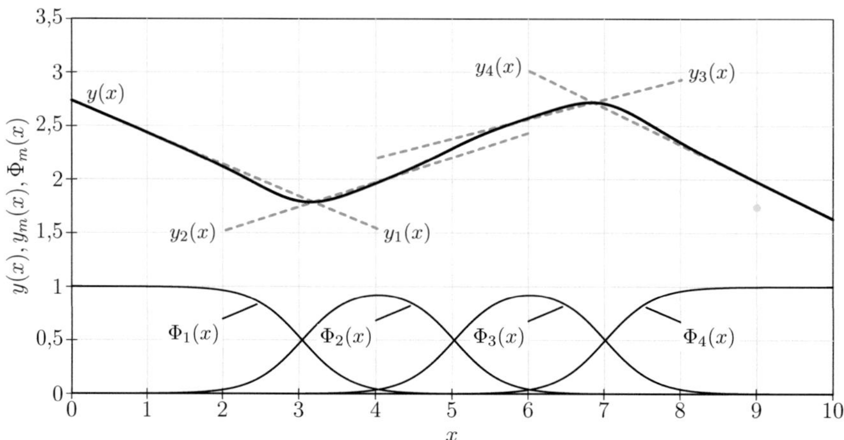

Abbildung 4.10: Gewichtete Überlagerung der gestrichelt eingezeichneten linearen Teilmodelle $y_m(x)$ zum Gesamtergebnis $y(x)$ (schwarz, oben) durch die normierten Glockenkurven $\Phi_m(x)$. Ziel ist der Ausgleich der durch Punkte dargestellten Messwerte durch die Funktion $y(x)$.

der Kennlinien $\theta''(n, \mathbf{p}_{\theta''})$ bzw. $\varphi''(n, \mathbf{p}_{\varphi''})$ direkt als Minimum des parameterstabilisierten Störungsmaßes

$$J^* = \sum_{\nu=1}^{N_n} \sum_{o=1}^{N_{MO}} \sum_{b=1}^{N_B} w_{\nu,o,b} \tilde{J}_\nu^*(\theta''(n_\nu, \mathbf{p}_{\theta''}), \theta''(n_\nu, \mathbf{p}_{\varphi''})) \tag{4.5}$$

bzgl. der Parametervektoren $\mathbf{p}_{\theta''}$ bzw. $\mathbf{p}_{\varphi''}$ berechnet werden. In diesen Parametervektoren sind die y-Achsenabschnitte der linearen Modelle, ihre Steigungen sowie die Mitten der normierten Gaußglockenkurven zusammengefasst. $\tilde{J}_\nu^*$ ist entsprechend Gleichung 4.4 einzusetzen. Zum anderen können aus den für einzelne Drehzahlen optimalen Winkeln Kennlinien durch Ausgleich ermittelt werden.

Zunächst wird die nahe liegendere globale Minimierung des gesamten Störungsmaßes untersucht. Da diese mit einem erheblichen Rechenaufwand verbunden ist, wird daran anschließend die zweite Vorgehensweise analysiert.

Bei beiden Ansätzen sind im Vorfeld das triaxiale Fehlersensorsignal und die Signale von den Bewertungspunkten im Innenraum bei abgeschaltetem Aktor für die betrachteten Motordrehzahlen zu messen. Mit dem in Abschnitt 2.2.1 auf Seite 9 beschriebenen Vorgehen sind diese Signale in den Frequenzbereich zu transformieren und in die betrachteten Motorordnungen zu zerlegen. Damit liegen dann die drei Koordinaten des Fehlersensorsignals $Y_{u'',\nu,o}^S$, $Y_{v'',\nu,o}^S$ und $Y_{w'',\nu,o}^S$ und die Bewertungspunktsignale $Y_{\nu,o,b}^B$ für die einzelnen Drehzahlen n_ν und Motorordnungen o vor. Weiterhin sind die Frequenzgänge $G_{\nu,o}^{AS}$ und $G_{\nu,o}^{AB}$ zwischen dem Aktorstrom als Anregung und den Koordinaten des Fehlersensorsignals bzw. den Bewertungspunktsignalen zu identifizieren.

4.5.1 Direkte Minimierung des Störungsmaßes

Die direkte Minimierung von Gleichung 4.5 lässt sich schnell mit einem Programmpaket wie z. B. MATLAB implementieren. Ein geeigneter Startwert sind z. B. Kennlinienparameter, die für alle Drehzahlen den besten fest ausgerichteten Fehlersensor liefern.

Allerdings ergeben sich zwei Schwierigkeiten. Zum einen weist das Optimierungsproblem sehr viele Parameter auf. Verwendet man für beide Kennlinien jeweils 20 lineare Teilmodelle, wobei die Modellmitten der Gewichtungsfunktionen für beide Kennlinien gleich sein sollen, ergeben sich bereits 100 Entscheidungsvariablen. Zum anderen ist das Problem multimodal, d. h. für jede Drehzahl gibt es beliebig viele gleich gut geeignete Fehlersensorwinkel. So sind die Winkel nicht nur 2π-periodisch. Vielmehr sind auch die Richtungen $\vec{s}$ und $-\vec{s}$ äquivalent.[11] Die numerische Optimierung gestaltet sich damit schwierig.

Entsprechend liegen die Rechenzeiten auch infolge der Parameterstabilisierung der Zielfunktion in der Größenordnung von mehreren Stunden (Tabelle 4.1 auf Seite 66). Dabei weisen weder der gradientenbasierte BFGS-Algorithmus[12] noch der verbreitete Simplex-Algorithmus nach Nelder und Mead [82][13] signifikante Unterschiede auf. Auch neuere, der Evolution nachempfundene Verfahren wie eine selbst implementierte Evolutionsstrategie[14] bringen keine Verringerung der Rechenzeit.

4.5.2 Ausgleich optimaler Einzellösungen

Die Berechnung der Fehlersensorkennlinien erfolgt zwar offline, so dass sie eigentlich nicht zeitkritisch ist. Allerdings ist der Rechenzeitbedarf mit mehreren Stunden mehr als nur störend. Will man z. B. unterschiedliche Bewertungskriterien oder Aktororte im Fahrzeug untersuchen, wären die entsprechenden Kennlinien bei der gegenwärtigen Rechenleistung erst am nächsten Arbeitstag verfügbar. Im Folgenden wird mit der Berechnung der Kennlinien über einen Ausgleich der für jede Drehzahl optimalen Fehlersensorwinkel ein erheblich schnelleres Verfahren beschrieben. Geeignete Kennlinien sind so bereits nach wenigen Minuten verfügbar.

---

[11]Vgl. dazu auch die Ausführungen in Abschnitt 4.5.2.

[12]Zum BFGS(Broyden-Fletcher-Goldfarb-Shanno)-Algorithmus vgl. z. B. [89, S. 425 ff.] bzw. zur Implementierung in MATLAB [19, S. 2-11].

[13]Der Algorithmus ist als Funktion `fmins` in MATLAB implementiert.

[14]Für einen Überblick vgl. z. B. [6, S. 3-14] sowie die kompakte Darstellung in [5, S. 3-12]. Gedanke dieser Verfahren ist die Nachbildung der Methoden der Evolution (Mutation, Rekombination und Selektion) in numerischen Verfahren. Hier wurde eine Evolutionsstrategie ähnlich zu der in [4, S. 63 ff.] beschriebenen verwendet. Neben den dort verwendeten normal verteilten Zufallseinflüssen („Mutationen") brachten auch mit einem Freiheitsgrad t-verteilte Mutationen hinsichtlich der erreichten Lösung und der Konvergenzgeschwindigkeit keine Verbesserung. Diese sogenannte Cauchy-Verteilung [90, S. 171 und S. 274] aus der Klasse der stabilen Verteilungen weist keine endliche Varianz auf. Daher treten häufiger erheblich größere Mutationen als bei der Normalverteilung auf, wodurch eine frühzeitige Konvergenz gegen ein lokales Optimum verhindert werden soll (zu numerischen Simulationen dazu vgl. [108, S. 157]).

Vorbereitung der Daten

Die auszugleichenden Teillösungen φ_ν'' und θ_ν'', d. h. die für die Drehzahl n_ν optimalen Fehlersensorwinkel, ergeben sich als Minimum von Gleichung 4.4 bzgl. φ_ν'' und θ_ν''. Allerdings sind φ_ν'' und θ_ν'' nicht eindeutig. So sind zunächst alle Winkel φ_ν'' und $\varphi_\nu'' + 2k\pi$ mit $k \in \mathbb{Z}$ gleichwertig. Ähnliches gilt für θ_ν''. Hinzu kommt, dass auch die Winkelpaare $(\varphi_\nu'', \theta_\nu'')$ und $(\varphi_\nu'' + \pi, \pi - \theta_\nu'')$ äquivalent sind. Während der Fehlersensor bei $(\varphi_\nu'', \theta_\nu'')$ in der Richtung $\vec{e}_s$ ausgerichtet ist, beschreibt $(\varphi_\nu'' + \pi, \pi - \theta_\nu'')$ die dazu entgegengesetzte Richtung $-\vec{e}_s$. Die Signale eines entlang $\vec{e}_s$ bzw. $-\vec{e}_s$ ausgerichteten Fehlersensors unterscheiden sich zwar im Vorzeichen. Dies ist aber bei einer idealen Regelung belanglos, da diese das Signal des Fehlersensors vollständig ausregelt. Durch diese Doppeldeutigkeiten streuen die optimalen φ_ν'' und θ_ν'' zumeist so stark, dass ein direkter Ausgleich nicht gelingt. Im Vorfeld ist daher eine Aufbereitung der Fehlersensorwinkel erforderlich.

Dazu wird zunächst eine „gedachte" Ausgleichskurve konstruiert. Für alle Drehzahlen n_ν mit $N_{HK}/2 < \nu \leq N_n - N_{HK}/2$ wird aus jeweils $N_{HK} + 1$ optimalen Fehlersensorrichtungen für die benachbarten Motordrehzahlen $n_{\nu-N_{HK}/2} \ldots n_{\nu+N_{HK}/2}$ die Hauptrichtung durch eine Hauptkomponentenanalyse bestimmt.[15] Es handelt sich dabei um eine Art gleitende Mittelwertbildung, bei der „die vorherrschende" Fehlersensorrichtung in einem Bereich um die Drehzahl n_ν ermittelt wird. Im Gegensatz zu einer einfachen Mittelwertbildung können dabei die Richtungen der Einzelvektoren beliebig umgekehrt werden, ohne dass sich andere Hauptkomponenten ergeben. So weisen z. B. die Vektorpaare $(\mathbf{v}, \mathbf{v} + \boldsymbol{\xi})$ und $(\mathbf{v}, -\mathbf{v} - \boldsymbol{\xi})$ dieselben Hauptkomponenten auf, während sich die Mittelwerte $(\mathbf{v} + \boldsymbol{\xi}/2$ bzw. $-\boldsymbol{\xi}/2)$ erheblich unterscheiden.

Die vorherrschende Richtung $\mathbf{h}_\nu$ berechnet sich als Eigenvektor zum größten Eigenwert von $\mathbf{A}_\nu^T \mathbf{A}_\nu$ mit

$$\mathbf{A}_\nu^T = \begin{bmatrix} \cos\varphi_{\nu-N_{HK}/2}''\sin\theta_{\nu-N_{HK}/2}'' & \cdots & \cos\varphi_\nu''\sin\theta_\nu'' & \cdots & \cos\varphi_{\nu+N_{HK}/2}''\sin\theta_{\nu+N_{HK}/2}'' \\ \sin\varphi_{\nu-N_{HK}/2}''\sin\theta_{\nu-N_{HK}/2}'' & \cdots & \sin\varphi_\nu''\sin\theta_\nu'' & \cdots & \sin\varphi_{\nu+N_{HK}/2}''\sin\theta_{\nu+N_{HK}/2}'' \\ \cos\theta_{\nu-N_{HK}/2}'' & \cdots & \cos\theta_\nu'' & \cdots & \cos\theta_{\nu+N_{HK}/2}'' \end{bmatrix}.$$

Dabei wird das Vorzeichen, d. h. die Richtung von $\mathbf{h}_{\nu+1}$, jeweils so gewählt, dass der Winkel zu $\mathbf{h}_\nu$ kleiner als $90°$ ist, d. h. $\mathbf{h}_{\nu+1}^T \mathbf{h}_\nu > 0$ gilt. Für Drehzahlen n_ν mit $\nu \leq N_{HK}/2$ oder $\nu > N_n - N_{HK}/2$ im „Anlaufbereich" des beidseitigen, gleitenden Mittelwerts wird jeweils $\mathbf{h}_\nu = \mathbf{h}_{N_{HK}/2+1}$ bzw. $\mathbf{h}_\nu = \mathbf{h}_{N_n-N_{HK}/2}$ gesetzt.

Dieser geglättete Verlauf der $\mathbf{h}_\nu$ wird in einem zweiten Schritt als Referenz verwendet, um die Doppeldeutigkeiten bei den Winkeln günstig auszunutzen. Falls

$$[\cos\varphi_\nu''\sin\theta_\nu'', \sin\varphi_\nu''\sin\theta_\nu'', \cos\theta_\nu'']\mathbf{h}_\nu < 0$$

ist, beträgt der Winkel zwischen der durch φ_ν'' und θ_ν'' gegebenen Richtung und der aus dem geglätteten Verlauf (abgesehen von 2π-Periodizitäten) mehr als $90°$. Dann ist φ_ν'' durch $\varphi_\nu''+\pi$ und θ_ν'' durch $\pi - \theta_\nu''$ zu ersetzen. Andernfalls können φ_ν'' und θ_ν'' direkt übernommen werden.

In einem dritten Schritt werden die 2π-Periodizitäten schließlich derart ausgenutzt, dass der Unterschied zwischen $\varphi_{\nu-1}''$ und φ_ν'' bzw. $\theta_{\nu-1}''$ und θ_ν'' betragsmäßig kleiner als 2π ist.

---

[15]Zur Hauptkomponentenanalyse der multivariaten Statistik vgl. z. B. [49, S. 527 ff.].

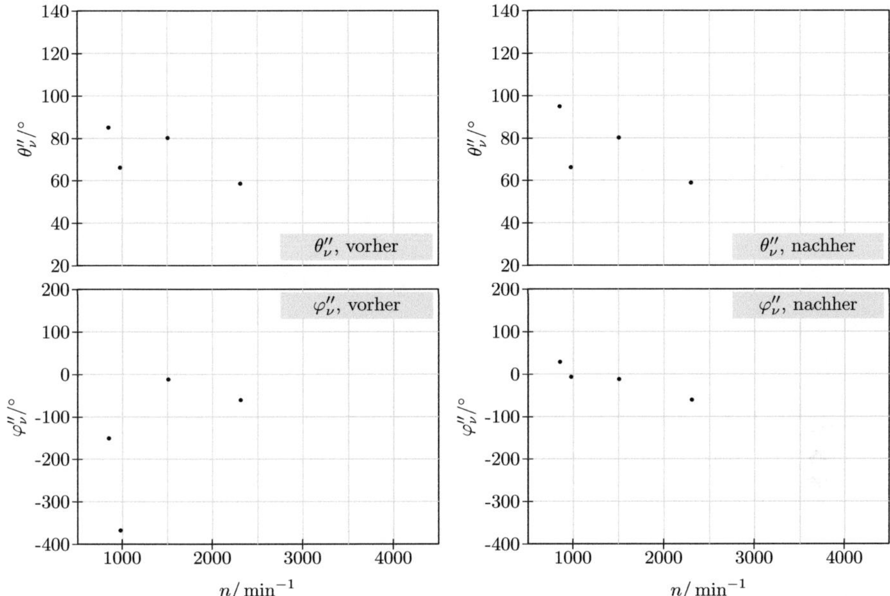

Abbildung 4.11: Verlauf von $\theta_\nu''(n)$ und $\varphi_\nu''(n)$ vor bzw. nach der Datenaufbereitung.

In Abbildung 4.11 sind die optimalen Fehlersensorwinkel $(\theta_\nu'', \varphi_\nu'')$ für verschiedene Drehzahlen vor und nach der Aufbereitung mit der Hauptkomponentenanalyse dargestellt.[16] Kriterium ist dort die Minimierung des mittleren Effektivwerts der Mikrofonspannungen an den vier Kopfstützen. Durch die gezielte Ausnutzung der Doppeldeutigkeiten ergibt sich ein relativ glatter Verlauf ohne große Sprünge. Die Verbesserung ist für den Umfangswinkel φ'' deutlicher zu erkennen als für den Normalenwinkel θ''.

Ausgleich der lokalen Optima

Zur Anpassung der lokal linearen Modelle an die lokalen Optima bietet sich das von O. Nelles entwickelte LOLIMOT-Verfahren ([83, S. 163 ff.], [86]) an. Es handelt sich dabei um ein schrittweises, heuristisches Verfahren, durch das die Parameter $w_{0,m}$, $w_{1,m}$ und c_m schnell, wenn auch nur angenähert geschätzt werden können.

---

[16]Es wurde ein N_{HK} von 12 verwendet. Damit erfolgte die Glättung mit den Hauptkomponenten über einen Drehzahlbereich von etwa 50 min^{-1}.

Standardansatz

Beim Standardansatz für eine Eingangsvariable wird immer das lineare Teilmodell m^* in

$$y(x) = \sum_{m=1}^{M} (w_{0,m} + w_{1,m}x)\Phi_m(x)$$

verfeinert, dessen lokales Fehlermaß

$$L_m = \sum_{i=1}^{N} \Phi_m(x_i)(y_i - \hat{y}(x_i))^2$$

maximal ist. Dabei bezeichnen die y_i die insgesamt N auszugleichenden (Mess-)Werte (hier: Fehlersensorwinkel) und $\hat{y}(x_i)$ das Ausgangssignal der Kennlinie mit den bisher geschätzten Parametern. Die Verfeinerung erfolgt dadurch, dass das Teilmodell m^* mit den Bereichsgrenzen b_{m^*} und b_{m^*+1} sowie der Bereichsmitte c_{m^*} in zwei Modelle mit den Grenzen b_{m^*} und c_{m^*} sowie c_{m^*} und b_{m^*+1} aufgespalten wird. Die Parameter der beiden Modelle werden durch eine lokale Kleinste-Quadrate-Schätzung über

$$[w_{0,m}, w_{1,m}]^T = \left(\mathbf{X}^T \mathbf{Q}_m \mathbf{X}\right)^{-1} \mathbf{X}^T \mathbf{Q}_m \mathbf{y}$$

mit der Regressormatrix

$$\mathbf{X} = \begin{bmatrix} 1 & 1 & \dots & 1 \\ x_1 & x_2 & \dots & x_N \end{bmatrix}^T,$$

der Gewichtungsmatrix

$$\mathbf{Q}_m = \operatorname{diag}\left(\Phi_m(x_1), \Phi_m(x_2), \dots, \Phi_m(x_N)\right)$$

und dem Vektor der auszugleichenden Beobachtungen $\mathbf{y} = [y_1, \dots, y_N]$ berechnet.

Vorteil dieser lokalen Schätzungen ist, dass der Rechenaufwand nur linear mit der Anzahl Modelle steigt. Auch ist die Anpassungsgüte bei verrauschten Daten zumeist besser als bei einer simultanen Schätzung der Parameter der Modelle [83, S. 167].

Der Standardansatz hat allerdings für die vorliegende Aufgabe zwei Nachteile. Zum einen wird die Struktur des Gesamtmodells an Hand des bisherigen Approximationsfehlers festgelegt. Durch diese sukzessive Verfeinerung des Modells wird die lokale Komplexität des Modells der lokalen Komplexität der zu approximierenden Funktion angepasst [85, S. 306]. Der Approximationsfehler liefert jedoch beim Ausgleich der lokalen Optima keine Aussage über das Systemverhalten. Vielmehr sind die Empfindlichkeiten

$$\frac{\partial \tilde{J}_\nu^*}{\partial \theta_\nu''} \quad \text{bzw.} \quad \frac{\partial \tilde{J}_\nu^*}{\partial \varphi_\nu''}$$

in den betrachteten N_n Arbeitspunkten üblicherweise unterschiedlich. Entsprechend muss die Kennlinie die lokalen Optima in Bereichen hoher Empfindlichkeit besser ausgleichen als an anderen Stellen.

Zum anderen ergeben sich i. Allg. zwei völlig eigenständige Kennlinien, die jeweils unterschiedliche Modellmitten aufweisen. Damit müssen die im Vergleich zu den einfach zu berechnenden linearen Teilmodellen relativ rechenintensiven Gewichtungsfunktionen[17] für jede Kennlinie neu berechnet werden. Hätten alle Teilmodelle dieselben Gewichtungsfaktoren, ließe sich der Rechenaufwand inkl. der Aktualisierung des adaptiven Filters zur Laufzeit auf dem Prozessrechner um ca. 20-30% reduzieren.[18]

Regretbasiertes Partitionieren

Als Modifikation des Standard-LOLIMOT soll daher nicht das Teilmodell aufgespalten werden, das den Approximationsfehler verringert. Vielmehr wird das Teilmodell verfeinert, durch das sich der Verlust durch die Kennlinienregelung gegenüber der punktweisen Optimierung (Regret) am stärksten verringert.[19]

Entsprechend wird in jedem Schritt jeweils das Modell m aufgespalten, das den größten lokalen Regret

$$R_m = \sum_{\nu=1}^{N_n} \left(\tilde{J}_\nu^*(\hat{\theta}''(n_\nu), \hat{\varphi}''(n_\nu)) - \tilde{J}_\nu^*(\theta_\nu''^*, \varphi_\nu''^*) \right) \Phi_m(n_\nu)$$

aufweist. Dabei wird jeweils nicht der absolute Wert des Störungsmaßes $\tilde{J}_\nu^*(\hat{\theta}''(n_\nu), \hat{\varphi}''(n_\nu))$ für die geschätzten Winkel $\hat{\theta}''$ und $\hat{\varphi}''$ berücksichtigt. Vielmehr geht nur die Verschlechterung gegenüber einem idealen, d.h. für jede Drehzahl direkt berechneten virtuellen Fehlersensor (Winkel $\theta''^*_\nu, \varphi''^*_\nu$) in die Beurteilung der Lösung ein. Die Werte $\tilde{J}_\nu^*(\theta_\nu''^*, \varphi_\nu''^*)$ können durch keinen kennlinienbasierten Fehlersensor unterschritten werden. Sie sind daher unvermeidbar und aus dem Entscheidungsproblem auszuschließen.

Durch die geänderte Partitionierung ergeben sich zumeist Kennlinien mit kleineren, d. h. besseren Werten des Störungsmaßes J^* als bei Anwendung des normalen LOLIMOT-Verfahrens (Tabelle 4.1). Der Unterschied ist dabei relativ gering.[20] Gleichzeitig ist die erzielte Lösung jedoch oft besser oder zumindest in erheblich geringerer Zeit verfügbar als bei der globalen Optimierung. Eine Lösung, die beim Ausgleich der lokalen Optima innerhalb von ca. 10 min zur Verfügung steht, benötigt bei einer globalen Optimierung mehrere Stunden, wenn sie überhaupt erreicht wird. Damit ist der Ausgleich der lokalen Optima ein sinnvolles Werkzeug, insbesondere wenn man in kurzer Zeit mehrere unterschiedliche Auslegungskriterien untersuchen möchte.[21]

---

[17]Wird die Exponentialfunktion z. B. wie in [48, S. 102 bzw. 204] angegeben durch ein Polynom fünften Grades im Intervall [0,1] approximiert, erfordert die Berechnung einer Gewichtungsfunktion $\Phi(n)$ bereits 12 Multiplikationen, 6 Additionen und eine Division.

[18]Für ein adaptives Filter mit 100 Koeffizienten und einer Impulsantwort des Streckenmodells von 225 Koeffizienten teilt sich der Rechenaufwand zwischen dem adaptiven Filter und den Fehlersensorkennlinien etwa 5:8 auf. Mit gleichen Modellmitten kann der Rechenaufwand für die Kennlinien fast halbiert werden.

[19]Der Begriff Regret (auch Bedauern, [8, S. 133]) wird hier wie in der Entscheidungstheorie als durch die Entscheidung beeinflussbarer Verlust angesehen. Er bezeichnet die Differenz zwischen dem durch die Entscheidung eintretenden und dem kleinsten theoretisch möglichen Verlust (vgl. z. B. [72, S. 547]).

[20]Ohne die Parameterstabilisierung ist der Standardansatz deutlicher unterlegen.

[21]In seltenen Fällen kann es passieren, dass die Ausgleichskurven durch Anpassungsfehler bei einzelnen Drehzahlen zu teilweise sehr großen Verschlechterungen führen. In diesem Fall ist die Ausgleichslösung durch eine globale Optimierung nachzuoptimieren.

		Kriterien J^*/J in $(\text{m/s}^2)^2$ bzw. V^2		
		Beschleunigung Spritzwand	Beschleunigung Fahrersitzschiene	Mikrofonspannungen vier Kopfstützen
	Optimale Steuerung	$J = 20{,}1$	$J = 52{,}5$	$J = 92{,}6$
Virtueller Fehlersensor	Optimale Kennlinie	$J^* = 31{,}6;\ J = 23{,}5$	$J^* = 69{,}4;\ J = 60{,}3$	$J^* = 152{,}7;\ J = 146{,}1$
	Regretbasiertes LOLIMOT	$J^* = 33{,}1;\ J = 24{,}5$ 8 min 51 s	$J^* = 70{,}6;\ J = 60{,}6$ 9 min 17 s	$J^* = 162{,}4;\ J = 149{,}1$ 10 min 8 s
	Original LOLIMOT	$J^* = 34{,}2;\ J = 25{,}6$ 10 min 37 s	$J^* = 72{,}1;\ J = 61{,}3$ 11 min 2 s	$J^* = 182{,}9;\ J = 148{,}9$ 11 min 44 s
	Nelder/Mead Simplex	$J^* = 34{,}3;\ J = 25{,}8$ 9 h 53 min 40 s (—)	$J^* = 74{,}7;\ J = 62{,}3$ 9 h 58 min 13 s (—)	$J^* = 160{,}0;\ J = 155{,}1$ 11 h 1 min 5 s (3 h 25 min 28 s)
	BFGS Gradientenverfahren	$J^* = 35{,}1;\ J = 25{,}8$ 10 h 9 min 32 s (—)	$J^* = 70{,}9;\ J = 61{,}2$ 10 h 10 min 10 s (—)	$J^* = 156{,}6;\ J = 150{,}6$ 11 h 17 min 22 s (5 h 21 min 47 s)
	Evolutionsstrategie	$J^* = 36{,}1;\ J = 27{,}4$ 9 h 54 min 44 s (—)	$J^* = 74{,}4;\ J = 64{,}1$ 9 h 55 min 23 s (—)	$J^* = 167{,}1;\ J = 165{,}1$ 10 h 59 min 33 s (—)

Tabelle 4.1: Störungsmaße J^* bzw. J und benötigte Rechenzeit für unterschiedliche Verfahren zur Kennlinienberechnung für einen virtuellen Fehlersensor. Die Kennlinie wurde für die parameterstabilisierte Zielfunktion J^* berechnet. Zum Vergleich mit der optimalen Steuerung ist der mit dieser Kennlinie ermittelte Wert des einfachen Kriteriums J angegeben. Die Zeit in Klammern wurde bis zum Erreichen des Wertes des regretbasierten LOLIMOT-Verfahrens benötigt. Ein Strich zeigt, dass dieser Wert nicht unterschritten wurde. Die Anzahl Iterationen wurde für eine maximale Rechenzeit von ca. 10 h (AMD Athlon XP1800+) beschränkt.

4.6   Ergebnisse in Simulation und Experiment

4.6.1   Verhalten an den berücksichtigten Bewertungspunkten

Im Folgenden werden Ergebnisse im Experiment und in der Simulation für das Testfahrzeug angegeben. Aktor- und Fehlersensorort ist das linke Motorlager (chassisseitig). Der Aktor ist zur Beruhigung der Spritzwand unter der in Abschnitt 3.4.1 ermittelten optimalen Ausrichtung, zur Beruhigung der Fahrersitzschiene entlang der Motorlagerachse montiert.

Die zusätzliche Verbesserung durch einen virtuellen Fehlersensor gegenüber einem optimal ausgerichteten uniaxialen Fehlersensor ist stark von den ausgewählten Bewertungspunkten abhängig. Legt man das System zur Beruhigung der Fahrersitzschiene aus, ist die Verbesserung gegenüber einem optimal ausgerichteten uniaxialen Fehlersensor sowohl in der Simulation als auch im Experiment deutlich erkennbar (Abbildung 4.12, links). In diesem Fall ist das System mit dem virtuellen Fehlersensor in einigen Teilbereichen (850-1300 min^{-1}, 2000-3000 min^{-1} sowie 3300-3900 min^{-1}) oft um mehr als 6 dB besser als eins mit fest ausgerichtetem Fehlersensor. Weiterhin verringert das aktive System die Beschleunigung der Fahrersitzschiene bis auf wenige Ausnahmen (1350 min^{-1} und 2950 min^{-1}).

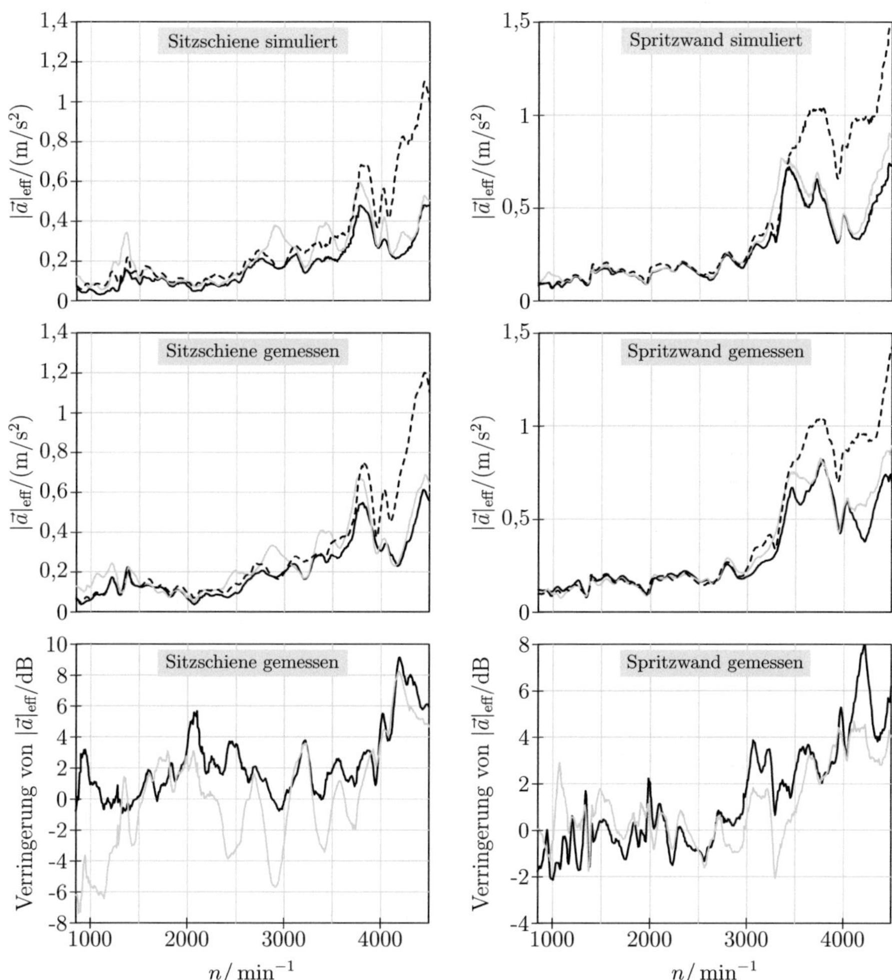

Abbildung 4.12: Ergebnisse für einen zur Reduktion der Beschleunigung der Fahrersitz-schiene (**links**) bzw. der Beschleunigung der Spritzwand zwischen den Pedalen (**rechts**) ausgelegten virtuellen Fehlersensor bei einen langsamen Motorhochlauf im Stand. **Oben** ist jeweils der aus der zweiten und vierten Motorordnung gebildete simulierte, in der **Mitte** der entsprechende im Fahrzeug gemessene Effektivwertverlauf dargestellt. **Unten** ist die gemes-sene Verringerung des Effektivwerts durch Einschalten des Aktors in Dezibel angegeben. Der schwarze Verlauf entspricht einem System mit virtuellem, der hellgraue Verlauf einem System mit einem optimal fest ausgerichteten Fehlersensor. Das ungeregelte System ist gestrichelt dargestellt. Die gemessenen Verläufe sind aus jeweils drei Messungen gemittelt worden.

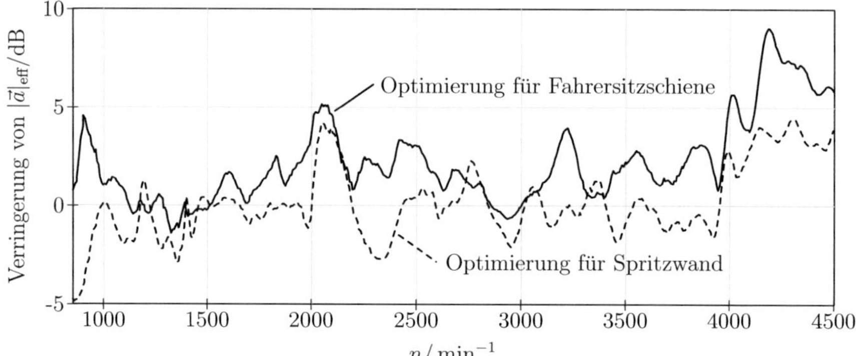

Abbildung 4.13: Über drei langsame Motorhochläufe gemittelte, gemessene Verringerung des Effektivwerts der Beschleunigung der Fahrersitzschiene durch Zuschalten des Aktors. Der Effektivwert wird aus der zweiten und der vierten Motorordnung berechnet. Durchgezogen: Virtueller Fehlersensor zur Beruhigung der Fahrersitzschiene, gestrichelt: virtueller Fehlersensor zur Beruhigung der Spritzwand zwischen den Pedalen.

Im oberen Drehzahlbereich sind die Unterschiede zwischen dem drehzahlvariabel und dem starr ausgerichteten Fehlersensor relativ gering. Nur selten (z. B. bei ca. 1350 min^{-1}) hat der fest ausgerichtete Sensor gegenüber dem virtuellen Fehlersensor Vorteile. Ursache können ungünstige Kennlinien oder Messfehler sein. Prinzipiell könnte man mit dem virtuellen Fehlersensor in diesem Drehzahlbereich dieselbe Richtung einstellen wie sie der feste Fehlersensor aufweist. Damit sind zumindest immer gleichwertige Ergebnisse möglich.

Optimiert man das System für eine Beruhigung der Spritzwand, ist der Gewinn gegenüber einem optimal ausgerichteten uniaxialen Fehlersensor (Abbildung 4.12, rechts) in der Simulation und im Experiment mit 2-4 dB eher gering. Bis ca. 2500 min^{-1} ist der virtuelle Fehlersensor im Experiment sogar etwas schlechter. Ursache sind auch hier Kennlinien- oder Messfehler.

4.6.2 Verhalten an unberücksichtigten Bewertungspunkten

Die Optimierung des Systemverhaltens für ausgewählte Bewertungspunkte führt nicht automatisch auch zu einer Verbesserung an anderen Stellen im Fahrzeug. Dies ist nur gegeben, wenn die Optimierung des Schwingungsverhaltens tatsächlich wie gewünscht global ist.

Dies ist im Allgemeinen jedoch nicht der Fall. Vielmehr ist oft noch nicht einmal ein eindeutiger Trend erkennbar. Legt man den virtuellen Fehlersensor z. B. für eine Beruhigung der Spritzwand aus, ergibt sich an der Fahrersitzschiene eine eher zufällige Veränderung des Signals (Abbildung 4.13). Abgesehen von durchgängigen Verbesserungen ab 4000 min^{-1} sind geringe Verbesserungen etwa genauso häufig wie geringe Verschlechterungen.

Um sicherzustellen, dass das Fahrzeugverhalten an einer Vielzahl von Orten optimiert wird, sind diese in das Bewertungskriterium J mit aufzunehmen.

Kapitel 5

Weitere Untersuchungen zur Systemoptimierung

In diesem Kapitel werden zwei alternative Ansätze für eine Auslegung des aktiven Systems diskutiert. Zum einen wird das Systemverhalten untersucht, wenn an beiden Motorlagern je ein Aktor montiert und damit die Bewegung der Motorlager minimiert wird. Zum anderen wird die Erweiterung des quadratischen Störungsmaßes J auf insgesamt sechs Beschleunigungssignale untersucht. So soll eine Auslegung gefunden werden, mit der die Fahrzeugschwingung global und nicht nur an einer einzelnen Stelle verbessert wird.

5.1 Virtuelle Ausgleichswelle

5.1.1 Ansatz

Trotz des aktiven Systems bleibt an den Bewertungspunkten immer noch ein recht großes Restsignal übrig. Einer der Gründe ist, dass ein Aktor für eine umfangreiche Kompensation nicht ausreicht, zumal das Testfahrzeug auch zwei Motorlager als Haupteinleitungspunkte besitzt.

Daher soll in diesem Abschnitt der Einsatz von je einem Aktor an jedem Motorlager untersucht werden. Die Aktoren werden kurbelwellensynchron so angesteuert, dass der Effektivwert der chassisseitigen Bewegung an den Motorlagern minimal wird. Damit soll die Schwingungseinleitung über die beiden Motorlager minimiert werden.

Bei der Verwendung *eines* Aktors ist dieses Auslegungskriterium nicht zweckmäßig. Für eine Abschätzung wird angenommen, dass die Schwingungseinleitung ausschließlich über die beiden Motorlager und zwar unabhängig von einer Kompensation am jeweils anderen Motorlager erfolgt. Weiterhin sollen die über jedes Motorlager eingekoppelten Kräfte etwa zu gleich großen Bewegungsamplituden im Innenraum führen. Eine vollständige Kompensation der Kraftanregung über ein Motorlager führt dann im Innenraum maximal zu einer Verbesserung von 6 dB. Voraussetzung ist, dass sich die Signale von den beiden Motorlagern an den Bewertungspunkten ohne Kompensation gleichphasig überlagern. Bei einer gegenphasigen Überlagerung würde die Kompensation der Krafteinleitung an einem Motorlager das Verhalten an den Bewertungspunkten sogar verschlechtern.

Mit den zur chassisseitigen Beruhigung der beiden Motorlager angesteuerten Aktoren lässt sich eine virtuelle Ausgleichswelle realisieren.[1] Gegenüber einer mechanischen Ausgleichswelle weist sie einen erheblich geringeren Energiebedarf auf. So nimmt eine mechanische Ausgleichswelle eine Leistung von ca. 3,5 kW auf und erhöht den Kraftstoffverbrauch um ca. 5-8 % [77, S. 12]. Mit den chassisseitig montierten Aktoren würde die Leistungsaufnahme dagegen bei maximal 100 W liegen. Anders als bei der mechanischen Ausführung können sogar der Phasenwinkel und die Amplitude der gestellten Kräfte beliebig eingestellt und mit der Motordrehzahl verändert werden. Auch besteht keine Beschränkung auf die zweite Motorordnung.

Für eine solche Aktorauslegung lassen sich die Stellgrößen für die einzelnen Arbeitspunkte über Gleichung 2.8 (Seite 20) berechnen. Die Stellgrößen können wieder in einem lokal linearen Modell in Kennlinien abgelegt werden.

5.1.2 Ergebnisse in Simulation und Experiment

Bereits die Simulation zeigt, dass zwar der geometrische Mittelwert aus den Koordinaten der Beschleunigungsvektoren an den beiden Motorlagern um zumeist etwa 10 dB reduziert werden kann (Abbildung 5.1, schwarze Kurve). Gleichwohl ist der Effekt an den Bewertungspunkten im Innenraum uneinheitlich. So lässt sich die Beschleunigung der Spritzwand zwischen 1400 und 2400 min^{-1} sogar um mindestens 3 dB reduzieren (Abbildung 5.1, gestrichelter Verlauf). Ab ca. 2400 min^{-1} wechseln sich jedoch kleinere Verbesserungen und kleinere Verschlechterungen ab. Die Vibration der Fahrersitzschiene wird in diesem Drehzahlbereich sogar immer verstärkt.

Entsprechendes ergibt sich auch im Experiment. Die aus der zweiten und vierten Motorordnung gebildeten Effektivwerte der Beschleunigungsvektoren an den Motorlagern werden bei einzelnen Drehzahlen um bis zu 12 dB reduziert (Abbildung 5.2a und c).[2] Abgesehen davon, dass der Gesamteffektivwert bei 3600 bzw. 3800 min^{-1} am linken Motorlager nicht verringert wird, beruhigt das Einschalten der Steuerung die Motorlager deutlich.

An den Signalen von den Bewertungspunkten lässt sich immer deutlich erkennen, wann die Steuerung eingeschaltet wird (Abbildung 5.2b und d). Allerdings führt das Zuschalten der Aktoren wie in der Simulation uneinheitlich mal zu einer Verbesserung, mal zu einer Verschlechterung.

---

[1]Eine mechanische Ausgleichswelle erzeugt bei maximaler Drehzahl Kräfte in der Größenordnung von einigen Kilonewton. Entsprechend kommt eine motorseitige Montage der Aktoren wegen der viel zu geringen Stellkräfte nicht in Betracht.

[2]In der Darstellung ist immer die Signalveränderung durch das Einschalten der Steuerung, d. h. die Sprunghöhe, entscheidend.

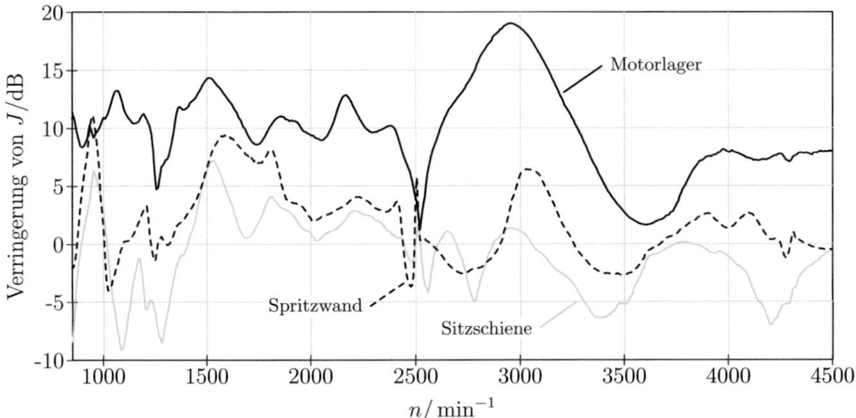

Abbildung 5.1: Berechnete Verringerung des Störungsmaßes J durch eine optimale Zwei-Aktor-Steuerung, die zur Beruhigung der beiden Motorlager ausgelegt ist. Das Störungsmaß J wird dabei aus den triaxialen chassisseitigen Beschleunigungen an den beiden Motorlagern (<u>schwarz</u>), der triaxialen Beschleunigung der Spritzwand (<u>gestrichelt</u>) bzw. der triaxialen Beschleunigung der Fahrersitzschiene (<u>hellgrau</u>) gebildet.

5.2 Globale Verbesserung durch eine Vielzahl von Bewertungspunkten

5.2.1 Ansatz

Die bisherige Optimierung des Systemverhaltens führt in erster Linie nur zu einer Verbesserung am jeweils ausgewählten Bewertungspunkt (Abschnitt 4.6.2). Eine eigentlich gewünschte, globale Verringerung des vom Motor ausgehenden Luft- und Körperschalls ist tendenziell ein Zufallsprodukt. Sie ließe sich aber erreichen, wenn man sehr viel mehr Bewertungspunkte in die Analyse mit einbezieht. Eine Verbesserung an vielen verschiedenen Orten lässt sich dann nur dadurch erzielen, dass insgesamt Energie aus dem System genommen wird.

5.2.2 Ergebnisse in Simulation und Experiment

Für eine Untersuchung in Simulation und im Experiment wird das Störungsmaß J aus den jeweils triaxial gemessenen Beschleunigungen an der Spritzwand zwischen den Pedalen sowie an der Fahrersitzschiene gebildet. Für die Realisierung wird weiterhin eine optimale Steuerung angesetzt. Die Stellgröße des Ein-Aktor-Systems wird damit so berechnet, dass insgesamt sechs Signale zur Bewertung optimiert werden. Entsprechend lässt sich das Störungsmaß vor allem durch die Verringerung einer allen Signalen gemeinsamen Komponente verbessern. Dies würde dann auch zu Verbesserungen an anderen Orten führen. Da die sechs

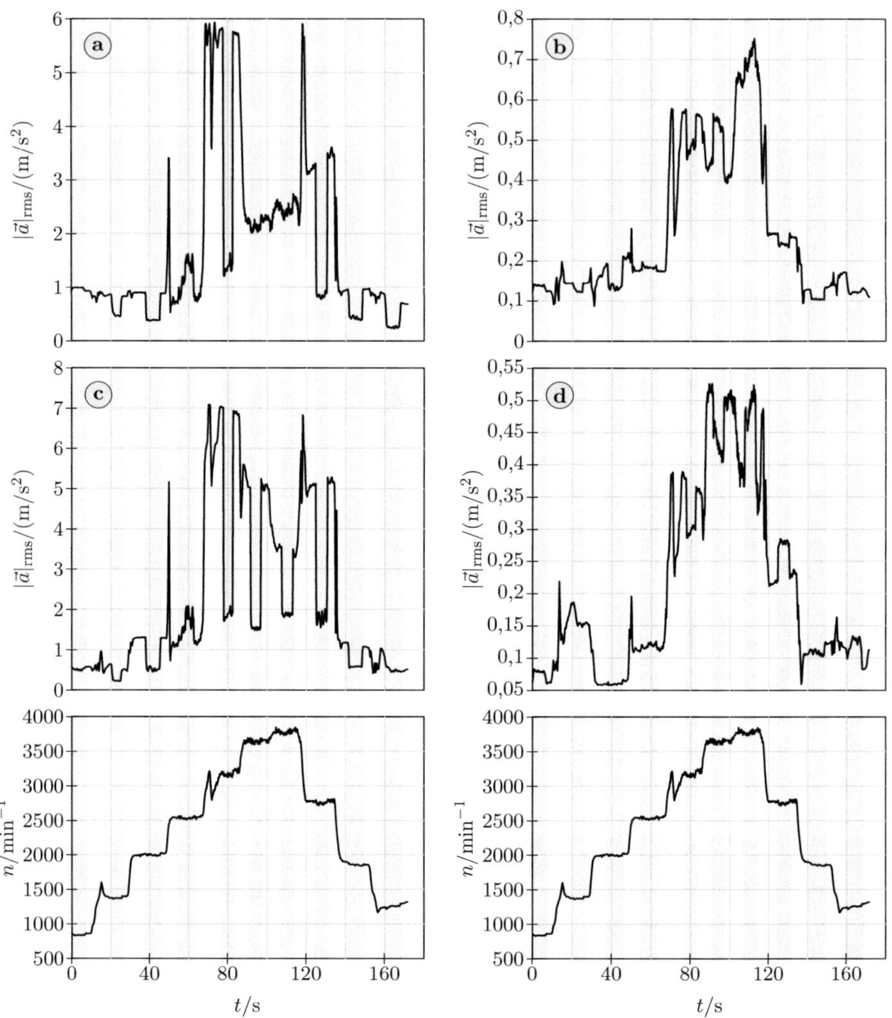

Abbildung 5.2: Gemessener, aus der zweiten und vierten Motorordnung gebildeter Effektivwert des Betrags des Beschleunigungsvektors bei einer Zwei-Aktor-Steuerung zur Beruhigung der beiden Motorlager. **Bild a**: chassisseitige Beschleunigung am linken Motorlager, **b**: Beschleunigung an der Spritzwand, **c**: chassisseitige Beschleunigung am rechten Motorlager, **d**: Beschleunigung an der Fahrersitzschiene. **Untere Zeile:** dazugehöriger Verlauf der Motordrehzahl. Die Ansteuerung stellt die zweite und vierte Motorordnung. Der Bereich mit eingeschalteten Aktoren ist grau hinterlegt.

Beschleunigungssignale etwa in der gleichen Größenordnung liegen, werden die Gewichte $w_{\nu,o,b}$ in Gleichung 2.3 alle zu eins gewählt.

An diesen sechs Bewertungspunkten ist die insgesamt erzielbare Verringerung des Störungsmaßes J gering (Abbildung 5.3a und b). Je nach Drehzahl verteilt sich die Verbesserung unterschiedlich auf die beiden Bewertungspunkte (Abbildung 5.3c und d). Bei 3800 min^{-1} führt die Steuerung zwar an der Spritzwand zu einer Verschlechterung. Insgesamt verringert sich jedoch das Störungsmaß durch die erheblich größere Beruhigung der Fahrersitzschiene.

An zusätzlichen, nicht in J berücksichtigten Punkten ergibt sich jedoch kein einheitlicher Trend. Zwar wird das Lenkrad außer bei $n \approx 3500$ min^{-1} tendenziell etwas beruhigt (Abbildung 5.3e). Das Innenraumgeräusch nimmt dagegen in etwa gleichem relativen Maße zu (Abbildung 5.3f).

Insgesamt liegt die Veränderung auf einem derart geringen Niveau, dass eine Auswertung von mehreren Bewertungspunkten insgesamt nicht zweckmäßig erscheint.

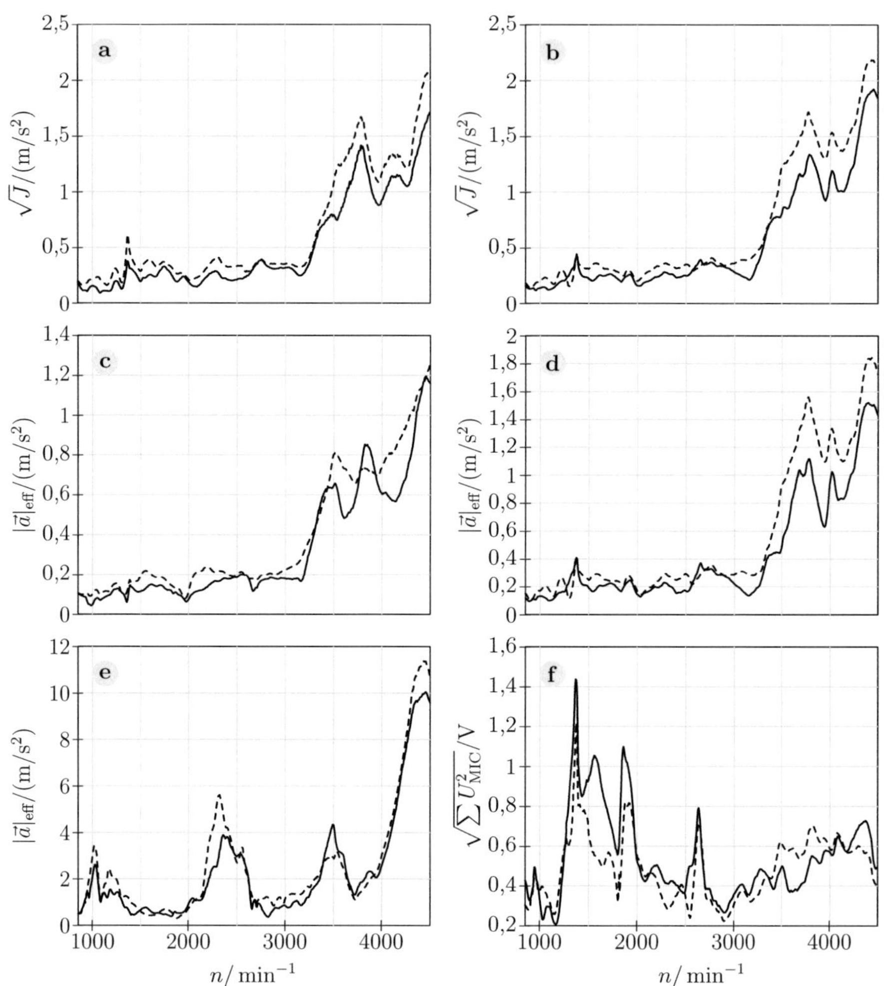

Abbildung 5.3: Einsatz einer zur Beruhigung der Spritzwand und der Fahrersitzschiene ausgelegten Steuerung bei einem langsamen Hochlauf. **Bild a**: simulierter, **Bild b**: gemessener
Verlauf des quadratischen Mittelwerts $\sqrt{J}$ der Koordinaten der triaxialen Beschleunigungsvektoren der Spritzwand und der Fahrersitzschiene. Darunter: gemessener Effektivwert des
Beschleunigungsvektors an der Spritzwand (**Bild c**), der Fahrersitzschiene (**Bild d**), des
Lenkrades (**Bild e**) sowie geometrischer Mittelwert der Effektivwerte der Mikrofonspannungen von den vier Kopfstützen (**Bild f**). Der Verlauf bei abgeschalteter Steuerung ist jeweils
gestrichelt, der mit eingeschaltetem Aktor durchgezogen dargestellt. Die Effektivwertberechnung berücksichtigt jeweils die zweite und vierte Motorordnung. Die dargestellten Messwerte
wurden über drei Hochläufe gemittelt.

Kapitel 6

Reproduzierbarkeit der Ergebnisse

Die bisherigen Untersuchungen fanden unter relativ konstanten Bedingungen für das Testfahrzeug statt. In den Experimenten wurde daher zumeist darauf geachtet, dass das Fahrzeug hinreichend warm gelaufen war. Für einen möglichen Serieneinsatz stellen sich jedoch Fragen der Reproduzierbarkeit. Dies betrifft sowohl alle insgesamt gefertigten Fahrzeuge einer Serie als auch ein einzelnes Fahrzeug über seine gesamte Benutzungsdauer.

In der Literatur finden sich zu dem Problem der Reproduzierbarkeit nur sehr wenige Untersuchungen, die sich vor allem auf Unterschiede typgleicher Fahrzeugexemplare konzentrieren. Demnach unterscheiden sich baugleiche Fahrzeuge bzgl. der Schwingungsanregung durch den Motor zumeist weniger im Verhalten bei der zweiten Motorordnung. Die Unterschiede liegen vielmehr bei der ersten, in halbzahligen oder höheren Motorordnungen. Entsprechend kann es sein, dass einzelne Exemplare zwar eine geringe Anregung der zweiten Motorordnung am Motorlager aufweisen. Insgesamt sind die Beschleunigungen an den Motorlagern teilweise größer und die Subjektivbeurteilung des Komforts schlechter [103, S. 197].

Die Übertragungseigenschaften baugleicher Fahrzeuge unterscheiden sich unter Umständen ebenfalls deutlich. So weichen die Amplitudengänge zwischen der Kraftanregung an einem der Motorlager und dem Schalldruck am Fahrerohr in einer Untersuchung von L. A. Wood und C. A. Joachim nicht nur teilweise um mehr als 10 dB voneinander ab. Vielmehr zeigen sie auch eine andere Struktur in Form einer unterschiedlichen Anzahl Resonanz- und Nullstellen [103, S. 204]. Außerdem streuen die Phasengänge zwischen der Anregungskraft am Motorlager und der Beschleunigung der Fahrersitzschiene [103, S. 201/206] bzw. der des Bodenblechs [105, S. 429] um bis zu 180°. Als Ursache werden stark variierende Materialdämpfungen vermutet, die sich um bis zu Faktor 10 unterscheiden können [105, S. 429].

Um die Reproduzierbarkeit für ein einzelnes Fahrzeug weiter zu untersuchen bietet sich vor allem die Fahrzeugtemperatur als Einflussgröße an. Während sich Änderungen durch Alterung, Luftfeuchtigkeit oder Luftdruck nur sehr schwer gezielt herbeiführen lassen, kann die Fahrzeugerwärmung leicht verändert werden. Außerdem ist die Fahrzeugtemperatur die sich am schnellsten verändernde Größe, auf die sich ein adaptives System ggf. einstellen muss. Gleichzeitig hat sich bei experimentellen Untersuchungen zu dieser Arbeit oft gezeigt, dass sich einzelne Frequenzgänge im Laufe eines Messzyklus sukzessive verändert haben.

Über den Einfluss der Fahrzeugtemperatur auf das Geräusch und die Vibrationen im Innenraum bzw. das Übertragungsverhalten des Fahrzeugs lassen sich in der Literatur keine expliziten Angaben finden. Zwar messen M. S. Kompella und R. J. Bernhard Variationen von bis zu 10 dB beim Frequenzgang zwischen einer Impulsanregung am linken Vorderrad und dem Schalldruck am Ort des Fahrerohrs bei demselben Fahrzeug. Allerdings wird der Einfluss der Fahrzeugtemperatur, die über den viertägigen Testzeitraum nicht konstant ist, nicht gesondert untersucht [67, S. 96].

Dies soll im Folgenden geschehen. Neben dem Einfluss auf das Übertragungsverhalten und die Motoranregung werden die Auswirkungen auf eine kennlinienbasierte Steuerung bzw. ein System mit adaptivem Filter analysiert.

6.1 Temperatureinfluss auf das Übertragungsverhalten und die Motoranregung

6.1.1 Versuchsdurchführung

Zum einen ist damit zu rechnen, dass sich das Spektrum der Anregungskräfte vom Motor durch die Erwärmung verändert. Zum anderen kann die Temperaturerhöhung das Übertragungsverhalten der Karosserie für die Motorstörungen und für die Aktorkraft beeinflussen. So ist bekannt, dass der Elastizitätsmodul von Metallen mit steigender Temperatur abnimmt ([63, S. 1476] oder [106, S. 59 ff.]). Entsprechend werden sich die Eigenfrequenzen des Fahrzeugs verringern. Daneben ist eine Erhöhung der modalen Dämpfung zu erwarten.[1] Außerdem verringert sich der Absorptionskoeffizient von im Motorraum eingesetzten faserigen Dämmstoffen oberhalb von ca. 200 Hz mit steigender Temperatur leicht.[2]

Im Folgenden wird die Variation des Übertragungsverhaltens der Aktorstellgröße in den Innenraum sowie die Temperaturabhängigkeit der Anregung durch den Motor untersucht. Mangels einer geeigneten Klimakammer wird der Einfluss der Fahrzeugtemperatur ausschließlich als Folge der Eigenerwärmung untersucht.

Der gewählte Messzyklus gliedert sich dabei in zwei Phasen. In der ersten Phase werden die Frequenzgänge zwischen dem Aktorstrom und den Reaktionen (Beschleunigungen oder Mikrofonspannungen) im Innenraum bei abgeschaltetem Motor identifiziert. In der zweiten Phase wird ein lastfreier, langsamer Hochlauf zur Analyse des Systemverhaltens des ungeregelten Systems aufgezeichnet.

Nach dem Hochlauf wird der Motor zur Steigerung der Erwärmung weiter laufen gelassen. Im Anschluss beginnt der nächste Messzyklus mit der Identifikation des Übertragungsverhaltens bei der neuen Temperatur. Bei der ersten Messung hat das Fahrzeug die Lufttemperatur der Halle (ca. 20°C). Während der Messung ist das Tor der Halle aus Sicherheitsgründen leicht geöffnet, so dass ein leichter Temperaturaustausch mit der Umgebung möglich ist. Dennoch nimmt die Temperatur in der Halle während des Versuchsablaufes sukzessive zu.

---

[1]Vgl. für eine Untersuchung an Aluminiumplatten z. B. [63, S. 1477].
[2]Vgl. [101, S. 407 f.]. Die Abnahme beträgt etwa 10 % bei einer Temperatursteigerung von 80°C.

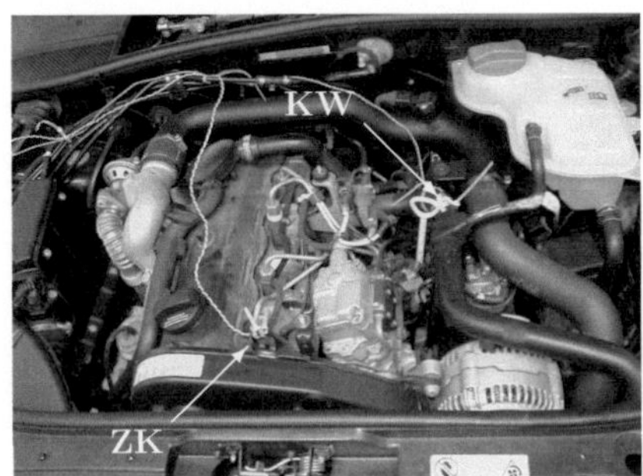

Abbildung 6.1: Messorte für die Temperaturmessung: Halteöse des Motorblocks am Zylinderkopf (ZK), Kühlwasserschlauch (KW) sowie Subframe rechte Seite (SF).

Das sich durch diese Vorgehensweise einstellende Erwärmungsbild ist sicher nicht ganz realistisch. Das Fahrzeug wird sich vor allem in der Nähe des Motors stärker erwärmen, da im normalen Betrieb auf der Straße Kühlung durch den Fahrtwind hinzukommt. Allerdings ergeben sich zwischen Sommer und Winter - bei einer gleichmäßigeren Erwärmung über das gesamte Fahrzeug - mit bis zu 50°C erheblich größere Temperaturvariationen als bei dieser Untersuchung z. B. am Subframe erreicht werden konnten. Außerdem wird das Fahrzeug während der Messungen nicht bewegt. Damit bleiben Verspannungen des Fahrzeugs insbesondere auch im Fahrwerk erhalten, die sich bei einer normalen Fahrt zumindest teilweise ausgleichen würden.

Zur Abschätzung der Erwärmung wird die Fahrzeugtemperatur an drei Stellen gemessen. Dies sind die Halteöse des Motorblocks in der Nähe des Zylinderkopfes unter der Zylinderkopfabdeckung, der Kühlwasserschlauch in der Nähe des Anschlusses zum Motorblock sowie der Subframe (Abbildung 6.1). Die Temperaturen werden über im Wärmeschrank kalibrierte analoge Messschaltungen in entsprechende Spannungen umgesetzt, die mit einem DAT-Recorder zusammen mit den Beschleunigungssignalen aufgezeichnet werden.

Die mittlere Temperatur in den einzelnen Messzyklen und die Temperaturveränderung $\Delta\vartheta$ innerhalb der Zyklen fasst Tabelle 6.1 zusammen. Bis auf die Identifizierung im zweiten Zyklus ist die Temperatur während eines Messzyklus weitgehend konstant.

6.1.2 Experimentelle Ergebnisse

Veränderung des Übertragungsverhaltens

Abbildung 6.2 zeigt die Veränderung des Frequenzgangs zwischen dem Aktorstrom als Anregung und der chassisseitigen Beschleunigung am linken Motorlager in Richtung der Lagerachse bzw. der Spritzwand senkrecht zum Bodenblech. Der Aktor ist am linken Motorlager in Richtung der Lagerachse montiert. Neben der Darstellung des absoluten Amplitudengangs im oberen Teil der Abbildung sind die auf den Frequenzgang beim mittleren Temperaturzu-

| $\boldsymbol{\vartheta} = [\vartheta_{ZK}; \vartheta_{KW}; \vartheta_{SF}]$ $\Delta\boldsymbol{\vartheta} = (\Delta\vartheta_{ZK}; \Delta\vartheta_{KW}; \Delta\vartheta_{SF})$ | | | $\boldsymbol{\vartheta} = [\vartheta_{ZK}; \vartheta_{KW}; \vartheta_{SF}]$ $\Delta\boldsymbol{\vartheta} = (\Delta\vartheta_{ZK}; \Delta\vartheta_{KW}; \Delta\vartheta_{SF})$ | | |
	$\vartheta_k^I/^\circ\mathrm{C}$	$\vartheta_k^H/^\circ\mathrm{C}$		$\vartheta_k^I/^\circ\mathrm{C}$	$\vartheta_k^H/^\circ\mathrm{C}$
Zyklus $k=1$	[22,4; 22,7; 21,4] (0,1; 0,1; 0,1)	[22,6; 22,8; 21,5] (0,8; 1,6; 0,2)	Zyklus $k=2$	[46,8; 53,9; 24,0] (17,5; 15,4; 6,0)	[48,8; 47,0; 24,9] (2,3; 6,3; 0,6)
Zyklus $k=3$	[56,8; 67,6; 27,1] (2,0; 1,7; 0,2)	[62,5; 56,8; 29,4] (2,2; 2,0; 0,8)	Zyklus $k=4$	[69,9; 77,1; 30,8] (1,2; 0,6; 0,1)	[70,4; 64,1; 33,0] (2,3; 1,4; 2,0)
Zyklus $k=5$	[75,7; 79,7; 35,8] (0,6; 0,4; 0,2)	[73,4; 63,6; 37,1] (2,6; 2,1; 1,8)	Zyklus $k=6$	[75,2; 77,5; 40,1] (0,6; 2,0; 0,3)	[74,0; 63,8; 41,8] (2,9; 1,6; 1,1)
Zyklus $k=7$	[75,6; 78,5; 42,4] (0,7; 1,9; 0,5)	[73,4; 64,9; 44,3] (1,9; 1,4; 1,6)	Zyklus $k=8$	[77,7; 81,1; 43,6] (0,4; 0,3; 0,7)	[74,4; 66,4; 46,0] (1,6; 1,0; 1,5)
Zyklus $k=9$	[77,5; 80,2; 46,3] (0,6; 1,4; 0,6)				

Tabelle 6.1: Temperaturzustände der einzelnen Durchgänge mit der Erwärmung am Zylinderkopf (Index ZK), am Kühlwasserschlauch (Index KW) sowie am Subframe (Index SF). Die $\Delta\vartheta$-Werte geben die Temperaturänderung während des jeweiligen Messzyklus an den einzelnen Stellen an. Ein hochgestelltes I kennzeichnet eine Identifikation, ein hochgestelltes H einen Motorhochlauf.

stand ϑ_5^I bezogenen Amplituden- bzw. Phasengänge dargestellt.[3] Die Färbung der Kurven geht jeweils mit steigender Temperatur von dunkelblau auf rot über. Damit ist ein systematischer Trend der Unterschiede zu erkennen, der nicht mit zufälligen Fehlern in den Messwerten zu erklären ist. So verschiebt sich das Maximum des Amplitudengangs am Motorlager bei ca. 240 Hz zwischen dem anregenden Aktorstrom und der Beschleunigung am linken Motorlager zu niedrigeren Frequenzen. Gleichzeitig nimmt das Maximum des Amplitudengangs um 1,6 dB zu und wird breiter.

Bei dieser relativ kurzen Übertragungsstrecke betragen die Amplitudenabweichungen von wenigen Frequenzen abgesehen weniger als $\pm 1,5$ dB gegenüber dem Amplitudengang bei ϑ_5^I. Die Phasengänge unterschieden sich zumeist um weniger als $\pm 10^\circ$.

Anders sieht es dagegen z. B. für den Frequenzgang zwischen dem Aktorstrom als Anregung und der Beschleunigung an der Spritzwand in Fahrzeuglängsrichtung aus (Abbildung 6.2, rechts). Auch verschieben sich die Resonanzstellen mit zunehmender Erwärmung zumeist in Richtung kleinerer Frequenzen. Gleichzeitig nehmen die lokalen Amplitudenmaxima tendenziell zu, d. h. die Strukturdämpfung verringert sich anscheinend.

Außerdem lassen sich zwei weitere Effekte beobachten. Zum einen bildet sich bei ca. 320 Hz eine neue Resonanzstelle aus, die bei der Ausgangstemperatur kaum zu erkennen war. Zum anderen verschwindet das relativ scharf abgegrenzte Minimum bei ca. 430 Hz mit steigender Erwärmung fast völlig.

---

[3]Die Normierung auf die mittlere Temperatur ϑ_5^I erscheint zweckmäßig, da eine Auslegung eines aktiven Systems ebenfalls bei einer mittleren Temperatur erfolgen würde.

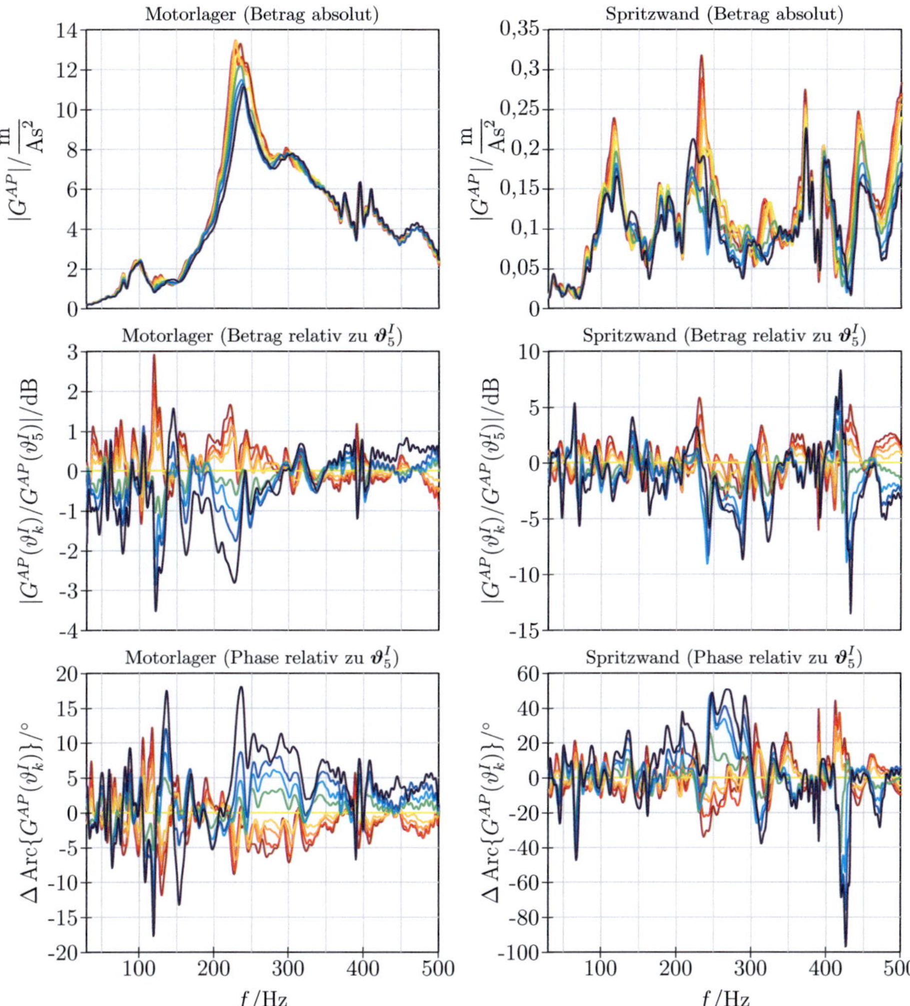

Abbildung 6.2: Absolute (**oben**) bzw. auf den Frequenzgang bei der mittleren Temperatur ϑ_5^I bezogene Amplituden- und Phasengänge (**Mitte** bzw. **unten**) zwischen dem Aktorstrom und der Systemreaktion. Dies ist **links** die Beschleunigung am linken Motorlager in Richtung der Motorlagerachse und **rechts** die Beschleunigung der Spritzwand senkrecht zum Bodenblech. Die Phasendifferenz $\Delta \mathrm{Arc}\{G^{AP}(\vartheta_k^I)\}$ ergibt sich als $\Delta \mathrm{Arc}\{G^{AP}(\vartheta_k^I)\} = \mathrm{Arc}\{G^{AP}(\vartheta_k^I)\} - \mathrm{Arc}\{G^{AP}(\vartheta_5^I)\}$. Die Färbung der Kurven geht von blau mit steigender Temperatur auf rot über. So gehört die <u>dunkelblaue</u> Kurve zu ϑ_1^I, die <u>grüne</u> zu ϑ_4^I und die <u>dunkelrote</u> Kurve zum Endzustand ϑ_9^I (vgl. Tabelle 6.1 auf Seite 78).

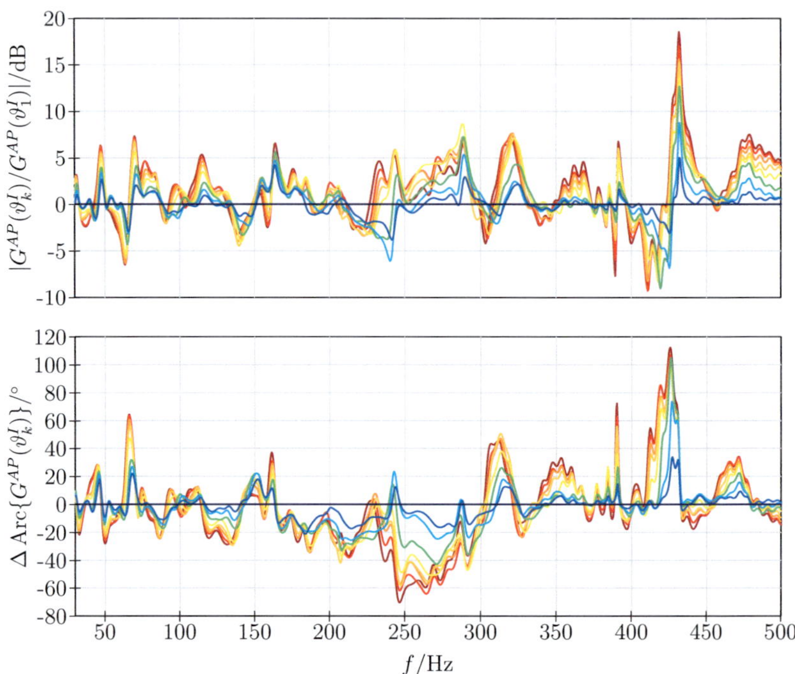

Abbildung 6.3: Auf den Amplitudengang im Ausgangstemperaturzustand $\boldsymbol{\vartheta}_1^I$ bezogene Amplitudengänge (**oben**) bzw. Phasengänge (**unten**) bei unterschiedlichen Temperaturzuständen. Eingangsgröße ist der Aktorstrom, Ausgangsgröße die Beschleunigung der Spritzwand zwischen den Pedalen senkrecht zum Bodenblech. Die Farbgebung entspricht der in Abbildung 6.2.

Über den gesamten Temperaturbereich unterscheiden sich die Amplitudengänge teilweise um mehr als $15\,\mathrm{dB}$ (bei $425\,\mathrm{Hz}$). Außerdem verändert sich die Phase über den gesamten Temperaturbereich (z. B. bei ca. $425\,\mathrm{Hz}$ um $100°$) erheblich stärker als am linken Motorlager. Allein durch die Wahl von $\boldsymbol{\vartheta}_5^I$ als Bezugswert bleibt die Abweichung zumeist unter $\pm 5\,\mathrm{dB}$ bzw. $\pm 30°$. Würde man ein System jedoch bei ca. $20°\mathrm{C}$ auslegen, ergeben sich erheblich größere Abweichungen (Abbildung 6.3).

Veränderung der Motoranregung

Neben der Temperaturabhängigkeit des Übertragungsverhaltens ist für die Regelung entscheidend, wie sich die Signale vom Motor an den Bewertungs- bzw. Fehlersensororten verändern. Dazu werden zum einen Beschleunigungsbetrag und -phase der zweiten Motorordnung an der Spritzwand zwischen den Pedalen in Richtung der Fahrzeughochachse untersucht. Zum anderen wird auch die chassisseitige Beschleunigung am linken Motorlager in Richtung der Motorlagerachse analysiert (Abbildung 6.4).

Für die zweite Motorordnung der Beschleunigung am linken Motorlager zeichnet sich ebenfalls ein Trend ab. Die Änderungen sind bis auf den Bereich höherer Drehzahlen mit zumeist weniger als $\pm 2\,$dB im Betrag und oft unter $\pm 15°$ in der Phase relativ klein. Die relativ große Änderung von $180°$ bei ca. $2500\ \mathrm{min}^{-1}$ ist mehr oder weniger unbedeutend. Sie ist auf die Quasi-Nullstelle im Betrag und die damit verbundenen Schwierigkeiten bei der Bestimmung der Phase zurückzuführen.

Im Gegensatz dazu verändert sich die Beschleunigung an der Spritzwand deutlicher (Abbildung 6.4, rechts). Auch hier lässt sich ein eindeutiger Trend in der Veränderung der spektralen Zusammensetzung erkennen. Die Variationsarten sind dabei vielschichtig:

- Die großen Effektivwertüberhöhungen verschieben sich mit zunehmender Temperatur zu niedrigeren Drehzahlen (z. B. $n \approx 3200\ \mathrm{min}^{-1}$). Wie auch die Art der Phasenveränderung zeigt, ist dies nicht auf eine Veränderung der Anregung sondern auf eine Verschiebung einer Resonanzstelle zurückzuführen.

- In einigen Drehzahlbereichen kommt es zu einer breitbandigen Absenkung des Effektivwerts der zweiten Motorordnung ($2500 - 2800\ \mathrm{min}^{-1}$ sowie $3750 - 4200\ \mathrm{min}^{-1}$ in Abbildung 6.4, rechts).

- Die Überhöhung der Maxima nimmt ebenso wie die Steilheit des Kurvenverlaufs bei den Minima zu ($2500\ \mathrm{min}^{-1}$ bzw. $3000\ \mathrm{min}^{-1}$). Auch dies deutet auf eine Abnahme der Systemdämpfung hin.

Durch die Verschiebung der Resonanzstellen verändert sich der Betrag des Signals teilweise um mehr als $15\,$dB über den gesamten Temperaturbereich (siehe z. B. $2500 \ldots 2700\,\mathrm{min}^{-1}$, $\approx 3000\ \mathrm{min}^{-1}$ im rechten Teil von Abbildung 6.4). Auch hier wird wiederum davon profitiert, dass der Bezugstemperaturzustand ϑ_4^H im mittleren Bereich liegt. Würde man die Ergebnisse auf die Spektren bei etwa $20°$C beziehen, wären die Abweichungen zumeist einseitig und damit erheblich größer.

6.2 Weitergehende Analyse der Variation des Übertragungsverhaltens

Die relativ großen Variationen des Übertragungsverhaltens lassen sich in dieser Größenordnung nur unzureichend mit einer Veränderung des Elastizitätsmoduls erklären. Für eine weitere Untersuchung, wird im Folgenden der Einfluss von Wärmespannungen auf das dynamische Verhalten analysiert. Dazu wird das sehr einfache Balkenmodell in Abbildung 6.5 betrachtet.

Die durch die Wärmedehnungen hervorgerufenen Spannungen werden durch eine konstante Längskraft N nachgebildet. Sie ergibt sich bei gleichmäßiger Erwärmung des homogenen Balkens mit dem Temperaturausdehnungskoeffizienten α_ϑ aus [14, S. 127]

$$\frac{\Delta L}{L} = \varepsilon = \frac{\sigma}{E} + \alpha_\vartheta \Delta\vartheta = \frac{N}{AE} + \alpha_\vartheta \Delta\vartheta, \quad \text{d. h.} \quad N = AE\frac{\Delta L}{L} - AE\alpha_\vartheta \Delta\vartheta.$$

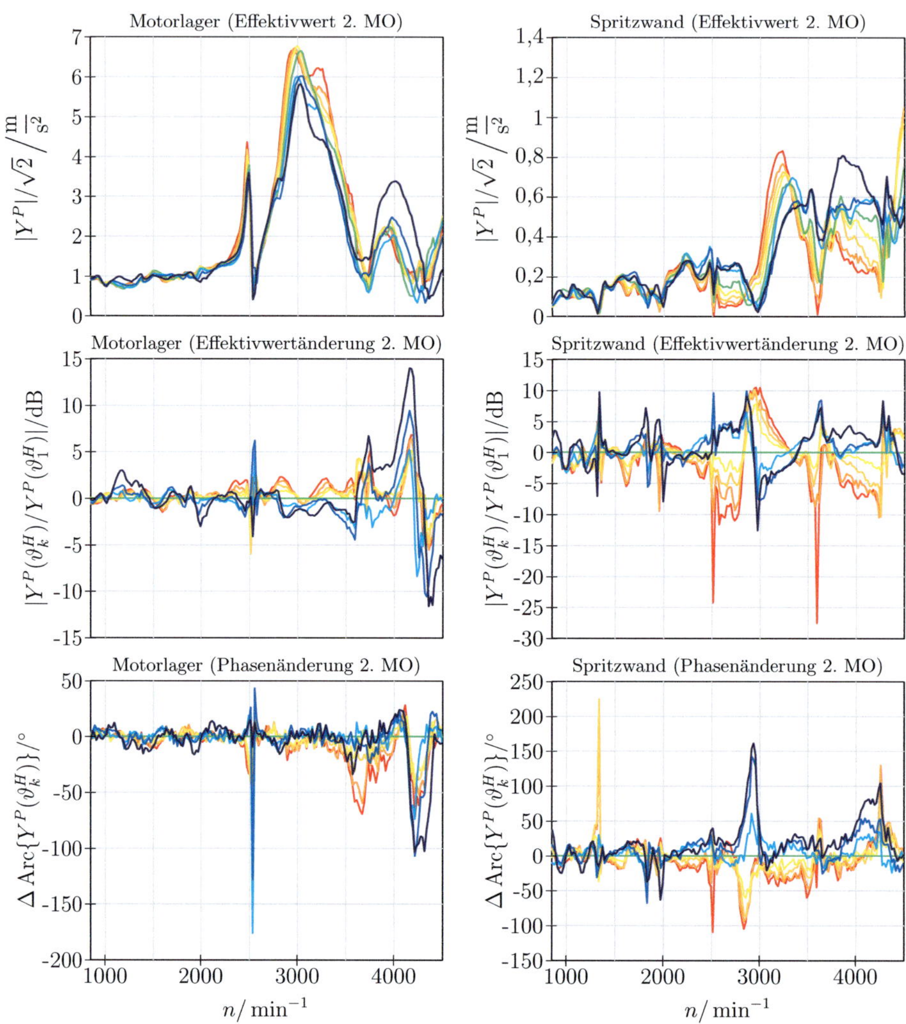

Abbildung 6.4: Veränderung der zweiten Motorordnung (MO) der Beschleunigung am linken Motorlager in Richtung der Motorlagerachse (**links**) bzw. der Beschleunigung der Spritzwand entlang der Fahrzeughochachse (**rechts**). **Oben**: Effektivwert, **Mitte**: auf die Werte bei der mittleren Temperatur ϑ_4^H bezogene Änderung des Effektivwerts. **Unten**: Phasenänderung $\Delta \operatorname{Arc}\{Y^P(\vartheta_k^H)\} = \operatorname{Arc}\{Y^P(\vartheta_k^H)\} - \operatorname{Arc}\{Y^P(\vartheta_4^H)\}$ gegenüber dem Signal im Erwärmungszustand ϑ_4^H. Die Färbung der Kurven geht von blau mit steigender Temperatur auf rot über. So gehört die <u>dunkelblaue</u> Kurve zum Ausgangszustand ϑ_1^H, die <u>grüne</u> zu ϑ_4^H und die <u>rote</u> Kurve zu ϑ_8^H (vgl. Tabelle 6.1 auf Seite 78).

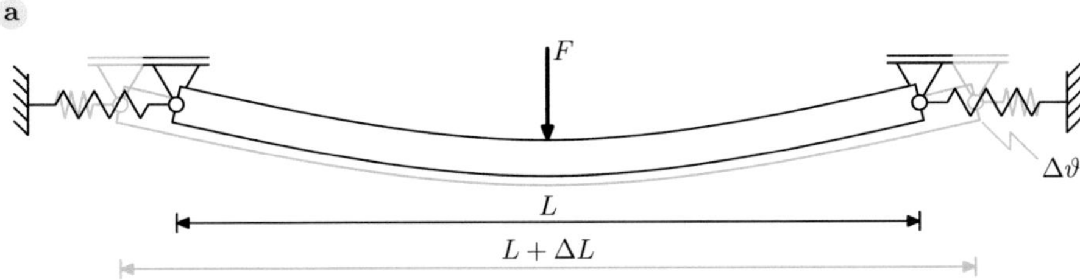

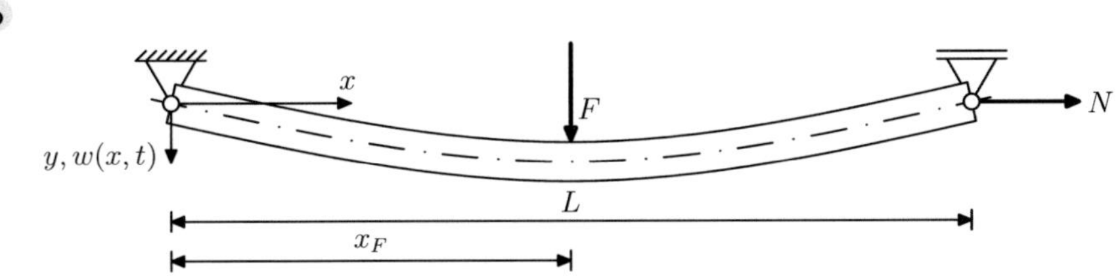

Abbildung 6.5: **a**: Biegebalken mit Wärmedehnung bei Erwärmung um $\Delta\vartheta$. Die Federn beschreiben das elastische Verhalten der restlichen Struktur aus der der Balken herausgeschnitten wurde. **b**: Modellierung der Anordnung als vorgespannter Balken mit einer konstanten Längskraft N.

Die Spannungen treten durch eine ungleichförmige Erwärmung des Fahrzeugs ein. Durch die Nachgiebigkeit der restlichen Struktur, aus der der betrachtete Balken herausgeschnitten wurde, liegt die tatsächliche Längenänderung ΔL im Bereich

$$0 \leq \frac{\Delta L}{L} \leq \alpha_\vartheta \Delta\vartheta.$$

Im Folgenden wird daher die Längenänderung als $\kappa\alpha_\vartheta\Delta\vartheta$ mit $0 \leq \kappa \leq 1$ angesetzt. Ein Anhaltswert ist z. B. $\kappa = 0{,}5$, wenn der Balken und die restliche Struktur z. B. ähnliche Steifigkeiten haben und nur der Balken erwärmt wird. Somit ergibt sich die durch die Erwärmung verursachte Druckkraft

$$F_\vartheta = -N = (1 - \kappa)AE\alpha_\vartheta\Delta\vartheta.$$

Wie im Anhang A.4 gezeigt wird, beträgt der Frequenzgang zwischen der Kraft F an der Stelle x_F und der y-Koordinate der Auflagerreaktion im linken bzw. rechten Lager F_y^L bzw. F_y^R wie in Abschnitt 3.1.2

$$G_F^L = \frac{F_y^L}{F} = \frac{2x_F}{L} \sum_{k=1}^{\infty} \frac{1}{\left[1 + 2jD_k^*\dfrac{\omega}{\omega_k^*} - \dfrac{\omega^2}{\omega_k^{*2}}\right]} \,\mathrm{si}\left(\frac{k\pi x_F}{L}\right)$$

bzw.

$$G_F^R = \frac{F_y^R}{F} = \frac{2x_F}{L} \sum_{k=1}^{\infty} \frac{(-1)^{k-1}}{\left[1 + 2jD_k^* \frac{\omega}{\omega_k^*} - \frac{\omega^2}{\omega_k^{*2}}\right]} \, \mathrm{si}\left(\frac{k\pi x_F}{L}\right).$$

Allerdings ändern sich die Resonanzkreisfrequenzen ω_k sowie die Dämpfungsmaße D_k von

$$\omega_k = \frac{\pi^2 k^2}{L^2} \sqrt{\frac{EI}{\mu}} \quad \text{und} \quad D_k = \frac{\alpha}{2\omega_k} + \frac{\beta\omega_k}{2}$$

für den Balken ohne Längskraft in

$$\omega_k^* = \omega_k \sqrt{1 + \frac{NL^2}{EIk^2\pi^2}} = \omega_k \sqrt{1 - (1-\kappa)\frac{\alpha_\vartheta AL^2}{Ik^2\pi^2}\Delta\vartheta}$$

und

$$D_k^* = \frac{\alpha}{2\omega_k^*} + \frac{\beta\omega_k^*}{2}.$$

Eine Erhöhung der Temperatur verringert damit die Eigenfrequenzen ω_k^*.[4] Geeignete Parameter α und β vorausgesetzt, verkleinern sich auch die modalen Dämpfungen.

Um die Ergebnisse weiter zu quantifizieren, wird der Querschnitt als dünnwandiges Rechteckprofil (Höhe in Richtung der Durchbiegung h, Tiefe quer dazu b, Wandstärke d) angenommen. Bei Berücksichtigung von $d \ll h$ und $d \ll b$ ist der Korrekturterm

$$\sqrt{1 - (1-\kappa)\frac{\alpha_\vartheta AL^2}{Ik^2\pi^2}\Delta\vartheta}$$

mit

$$\frac{A}{I} = \frac{d(2b + 2h - 4d)}{\dfrac{bh^3}{12} - \dfrac{(b-2d)(h-2d)^3}{12}} \approx \frac{12(h+b)}{h^2(h+3b)} \tag{6.1}$$

in erster Näherung unabhängig von der Materialstärke d. Bei gleichen Außenabmessungen, d. h. bei gleicher Länge L und Abmaßen des Querschnitts, ist er nur über den Längendehnungskoeffizienten α vom verwendeten Material abhängig.

Als relative Empfindlichkeit ergibt sich mit

$$\left.\frac{\frac{\mathrm{d}\omega_k}{\mathrm{d}\Delta\vartheta}}{\omega_k}\right|_{\Delta\vartheta=0} = -\frac{1-\kappa}{2} \cdot \frac{\alpha_\vartheta L^2}{\pi^2 k^2} \cdot \frac{A}{I}$$

ein zumeist erheblich größerer Beitrag als sich durch die Temperaturabhängigkeit des Elastizitätsmoduls

$$\left.\frac{\frac{\mathrm{d}\omega_k}{\mathrm{d}E}\frac{\mathrm{d}E}{\mathrm{d}\Delta\vartheta}}{\omega_k}\right|_{\Delta\vartheta=0} = \frac{1}{2}\frac{\frac{\mathrm{d}E}{\mathrm{d}\Delta\vartheta}}{E}$$

allein ergibt. Letzterer ist unabhängig von der Ordnungszahl k.

---

[4]Ähnliches würde eintreten, wenn man eine Saite eines Musikinstrumentes erwärmt.

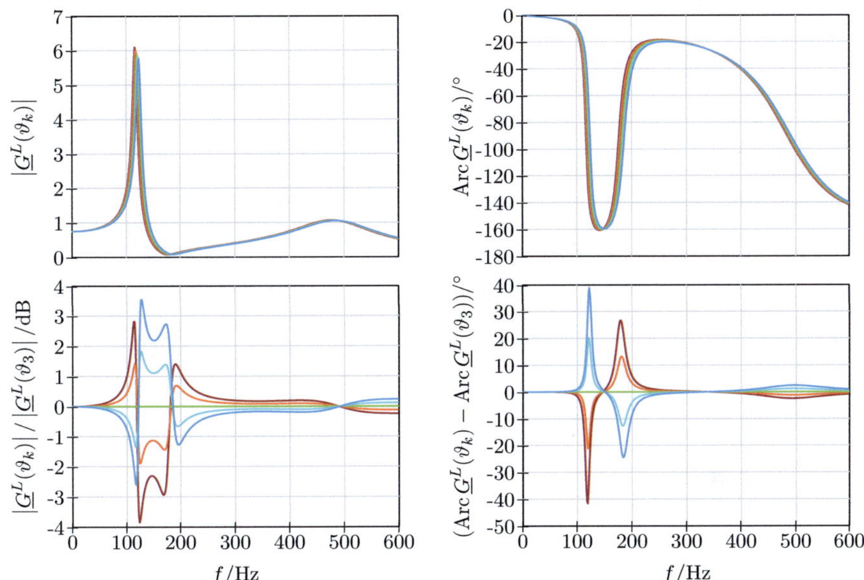

Abbildung 6.6: Betrag und Phase des Frequenzgangs G_F^L für einen Balken der Länge $L = 1\,\text{m}$ mit rechteckigem Querschnitt (Höhe in Schwingungsrichtung $h = 35\,\text{mm}$, Breite $b = 70\,\text{mm}$, Wandstärke $d = 1\,\text{mm}$). Die Anregung erfolgt bei $x_F = 0{,}25L$. **Oben**: Absoluter Verlauf bei einer Temperaturerhöhung in Schritten von $10\,\text{K}$. Die Färbung der Kurven geht mit steigender Temperatur von blau auf rot über. **Unten**: Betrag und Phase, jeweils bezogen auf den Verlauf bei einer Erwärmung von $20\,\text{K}$ gegenüber der Ausgangstemperatur.
Materialparameter: $\alpha_\vartheta = 1{,}2 \cdot 10^{-5}\,\text{K}^{-1}$, $\rho = 7800\,\text{kgm}^{-3}$, $E = 2{,}1 \cdot 10^{11}\,\text{Nm}^{-2}$ (Stahl); Dämpfungsparameter $\alpha = 1\,\text{s}^{-1}$, $\beta = 10^{-4}\,\text{s}$ ($\Rightarrow D_1 \approx 0{,}04, D_2 \approx 0{,}15$); Längskraftparameter $\kappa = 0{,}5$.

Für einen Träger der Länge $L = 1\,\text{m}$ mit der Wandstärke $d = 1\,\text{mm}$ und den Querschnittsabmessungen $h = 35\,\text{mm}$ und $b = 70\,\text{mm}$ aus Stahl ($\alpha = 1{,}2 \cdot 10^{-5}\,\text{K}^{-1}$) verändert sich die erste Eigenfrequenz z. B. bei $\kappa = 0{,}5$ um $-0{,}135\,\%/\text{K}$. Dies liegt deutlich über der Änderung von ca. $-0{,}018\,\%/\text{K}$, die sich durch die Temperaturabhängigkeit des Elastizitätsmoduls für Stahl ergibt.[5] Gleichung 6.1 zeigt, dass der Einsatz relativ flacher Profile (kleines h) den Quotienten A/I und damit die Temperaturempfindlichkeit stark vergrößert. Eine Höhe $h = 25\,\text{mm}$ führt z. B. bei gleicher Breite b und Wandstärke d zu einer Änderung um $-0{,}255\,\%/\text{K}$, $h = 45\,\text{mm}$ dagegen nur zu $-0{,}085\,\%/\text{K}$. Das zur Gewichtsreduktion zunehmend eingesetzte Aluminium weist mit $2{,}3 \cdot 10^{-5}\,\text{K}^{-1}$ einen gegenüber Stahl fast doppelt so großen Längendehnungskoeffizienten auf. Entsprechend ist auch der Temperatureinfluss auf die Dämpfung und die Resonanzfrequenzen fast doppelt so groß wie bei Stahl.

---

[5]Zur Temperaturabhängigkeit des Elastizitätsmoduls verschiedener Stahlsorten vgl. die Zusammenstellung in [106, S. 60]. Die dort angegebenen Werte liegen zumeist bei ca. $-2 \cdot 10^{-4}\,^{\circ}\text{F}^{-1} = -3{,}6 \cdot 10^{-4}\,^{\circ}\text{C}^{-1}$.

Abbildung 6.6 zeigt den Verlauf von G_F^L über der Anregungsfrequenz für ein Profil aus Stahl bei Anregung an der Stelle[6] $x_F = L/4$. Die Verringerung der Resonanzfrequenzen liegen etwa in derselben Größenordnung wie in den gemessenen Verläufen in den Diagrammen im rechten Teil von Abbildung 6.2. Allerdings ist die am Fahrzeug zu beobachtende Zunahme der Resonanzüberhöhung größer als im Modell. Außerdem existieren im Rahmen des Modells einzelne Fahrzeugteile, die nach actio=reactio auf Zug belastet werden. Daher müssten sich einzelne Resonanzfrequenzen mit zugehöriger Dämpfung bei Erwärmung vergrößern. Dies lässt sich in den Messdaten in Abbildung 6.2 auf Seite 79 nicht erkennen. Möglicherweise liegen die auf Zug belasteten Fahrzeugteile jedoch nicht im Übertragungsweg.

Insgesamt kann die beobachtete Größenordnung der Temperaturempfindlichkeit durch Wärmespannungen besser erklärt werden als es durch eine Variation der Stoffparameter gelingt.

6.3 Temperatureinfluss auf ein aktives System

6.3.1 Einfluss auf das adaptive Filter

Neben möglichen Auswirkungen auf das Komfortverhalten hat die Erwärmung ebenfalls Einfluss auf die Stabilität des Adaptionsalgorithmus des Filters. Wird das im Algorithmus verwendete Streckenmodell nicht regelmäßig online aktualisiert, weichen das angenommene und das tatsächliche Übertragungsverhalten voneinander ab. Dadurch können sich die Stabilitäts- und Konvergenzeigenschaften verschlechtern.

So wird z. B. der eingesetzte Filtered-X-LMS-Algorithmus unabhängig von der Schrittweite bei Phasenabweichungen zwischen der realen Strecke und dem Modell von mehr als 90° instabil ([97, S. 951], [22, S. 1430]). Entsprechend gibt es Ansätze, das Filter ohne Streckenmodell zu adaptieren (z. B. [73, S. 987 ff.], [61, S. 349 ff.]). Allerdings beeinflussen Phasenfehler von weniger als 45° die Konvergenzeigenschaften nur wenig [13, S. 315]. Teilweise wird daher vorgeschlagen, statt des Streckenmodells nur ein Totzeitglied mit geeigneter Verzögerungszeit zu verwenden [26, S. 1521 ff.]. Auch hier ergeben sich jedoch durch die Veränderung des realen Übertragungsverhaltens infolge der Erwärmung Phasenfehler, die zu Instabilität führen können.

Mit dem Motorlager als Fehlersensorort sind damit keine Probleme zu erwarten, da der Phasenfehler immer kleiner als $\pm 20°$ ist. Dagegen zeigen die Ergebnisse im rechten Teil von Abbildung 6.2 ein zusätzliches Problem mit dem Filtered-X-LMS-Algorithmus auf. Eine direkte Adaption des Filters auf einen Komfortpunkt im Innenraum scheitert nicht nur an einer sehr langen Signallaufzeit.[7] Vielmehr wird die Stabilitätsgrenze, d. h. eine Phasenabweichung von 90° zwischen Modell und realer Strecke schon fast erreicht, wenn man

---

[6]Die Wahl von $x_F = L/4$ statt $x_F = L/2$ dient der besseren Darstellung der qualitativen Ergebnisse. Bei $x_F = L/2$ würde die Anregung für die zweite Eigenfrequenz im Knoten der Eigenform erfolgen.

[7]Die Verlagerung des Fehlersensors vom Motor- in den Innenraum vergrößert die Phase des Frequenzgangs zwischen dem Aktorstrom als Anregung und dem Sensorsignal um 2π bis 6π bei 300 Hz. Dies entspricht einer zusätzlichen Signallaufzeit von 3 bis 10 ms.

das Fahrzeug bei einer mittleren Erwärmung identifiziert. Bei einer Identifikation des Modells am kalten Fahrzeug würde der Algorithmus allein durch die Eigenerwärmung ab einer bestimmten Erwärmung instabil werden (Abbildung 6.3).

6.3.2 Einfluss auf ein System mit virtuellem Fehlersensor

Im Folgenden wird angenommen, dass es dem verwendeten Adaptionsalgorithmus bei allen Erwärmungszuständen gelingt, die Annahmen der idealen Regelung zu erfüllen.

Je nachdem, wie sich das Übertragungsverhalten für die Aktor- oder Motorkräfte ändert, ergibt sich ein unterschiedliches Verhalten an den Bewertungspunkten. Prinzipiell ist davon sowohl ein System mit fest ausgerichtetem Fehlersensor als auch ein System mit virtuellem Fehlersensor betroffen. Letzteres wird jedoch durch den höheren Optimierungsgrad i. Allg. auch die größere Empfindlichkeit aufweisen.

Um einen Anhaltswert für die Temperaturempfindlichkeit zu bekommen, wird ein System mit einer für die mittlere Erwärmung ϑ_4 (Tabelle 6.1 auf Seite 78) berechneten Ausrichtungskennlinie analysiert. Für das Verhalten an den Bewertungspunkten sowie die erforderlichen Frequenzgänge werden jeweils die im Temperaturzustand ϑ_k gemessenen Größen verwendet.

Für eine Beruhigung der Spritzwand zwischen den Pedalen nimmt die erzielbare Verbesserung trotz des Temperatureinflusses relativ wenig ab (Abbildung 6.7, links). Allerdings gibt es eine Reihe von schmalen Drehzahlbereichen (z. B. bei ca. 2300, 2500, 3000 min^{-1}) bei denen die Verschlechterungen durch das aktive System 3 dB und mehr betragen. Dieses Verhalten ist bei einem zur Beruhigung der Fahrersitzschiene ausgelegten System noch erheblich stärker ausgeprägt (Abbildung 6.8, links, z. B. 1100 min^{-1}). Sofern das adaptive Filter stabil bleibt, würden solche deutlichen punktuellen Verschlechterungen im realen System mit Stellgrößenbeschränkung nicht in diesem Ausmaß auftreten.

Die abgesehen von diesen punktuellen Verschlechterungen insgesamt eher geringe Temperaturempfindlichkeit resultiert in hohem Maße aus der Verwendung der in Abschnitt 4.3.2 beschriebenen parameterstabilisierten Zielfunktion. Würde man die Fehlersensorwinkel direkt über Gleichung 4.2 von Seite 48 berechnen, sind die Verschlechterungen mitunter wesentlich größer (Abbildung 6.9).

6.3.3 Einfluss auf eine kurbelwellensynchrone Steuerung

Beim virtuellen Fehlersensor sind die Ausrichtungswinkel durch Kennlinien vorgegeben. Die Stellgrößen stellen sich in Abhängigkeit der Motoranregung durch die Kompensation des Fehlersensorsignals systemendogen ein. Bei einer kurbelwellensynchronen Steuerung sind die Stellgrößen dagegen extern nach Kennlinien festgelegt und sind damit für alle Temperaturen gleich.

Zur Abschätzung des Temperatureinflusses werden auch hier die Steuergrößen für den Erwärmungsgrad ϑ_4 berechnet. Diese werden bei unterschiedlichen Erwärmungszuständen auf das System geschaltet, wobei das Übertragungsverhalten jeweils von ϑ_k^I und die Motoranregung von ϑ_k^H verwendet werden.

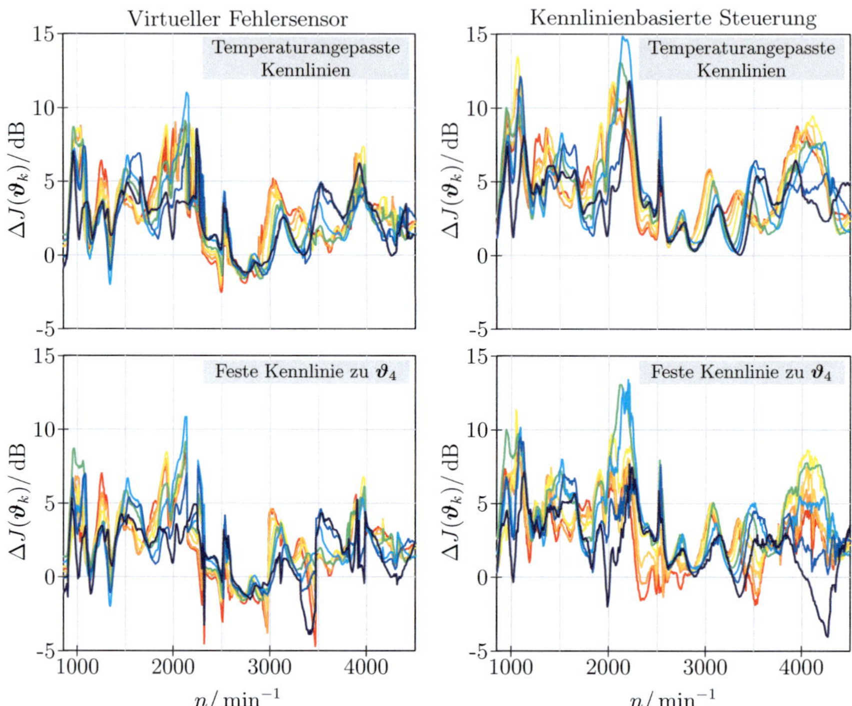

Abbildung 6.7: Berechnete Verringerung des aus der zweiten und vierten Motorordnung berechneten Effektivwerts der Restbeschleunigung der Spritzwand ΔJ bei verschiedenen Erwärmungsgraden ϑ_k gegenüber dem Verhalten bei ausgeschaltetem Aktor. **Links**: virtueller Fehlersensor, **rechts**: kennlinienbasierte Steuerung. Die Kennlinien wurden dabei in den **oberen** Diagrammen für die jeweilige Erwärmung berechnet. In den **unteren** Diagrammen wurden die für ϑ_4 berechneten Kennlinien verwendet. Die Färbung der Kurven geht mit steigender Temperatur von <u>dunkelblau</u> bei ϑ_1 auf <u>rot</u> bei ϑ_8 über.

Bei den am weitesten von der Auslegungstemperatur entfernten Erwärmungszuständen ϑ_1 bzw. ϑ_8 treten dabei bei einer zur Verringerung der Beschleunigung der Spritzwand berechneten Steuerung die größten Veränderungen gegenüber dem jeweils optimalen Verhalten auf. Dazu kann es auch hier zu Verschlechterungen kommen, die in der gleichen Größenordnung wie beim virtuellen Fehlersensor liegen (Abbildung 6.7, rechts). Insgesamt weist die kurbelwellensynchrone Steuerung tendenziell eher bei höheren Drehzahlen leichte Verschlechterungen gegenüber dem ungesteuerten System auf. Im unteren Drehzahlbereich bis etwa 2200 $\min^{-1}$ sowie zwischen 2900 und 3400 $\min^{-1}$ sind die Einbußen durch fehlangepasste Kennlinien moderat.

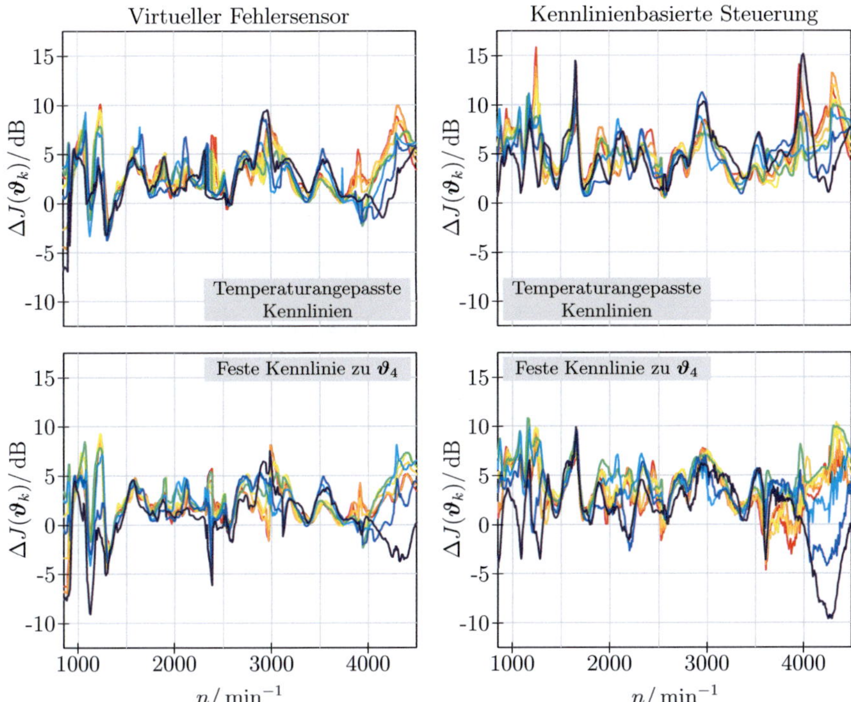

Abbildung 6.8: Berechnete Verringerung ΔJ des aus der zweiten und vierten Motorordnung berechneten Effektivwerts der Restbeschleunigung der Fahrersitzschiene bei verschiedenen Erwärmungsgraden ϑ_k gegenüber dem Verhalten bei ausgeschaltetem Aktor. **Links**: virtueller Fehlersensor, **rechts**: kennlinienbasierte Steuerung. Die Kennlinien wurden in den **oberen** Diagrammen für die jeweilige Erwärmung bestimmt. In den **unteren** Diagrammen wurden die für ϑ_4 berechneten Kennlinien verwendet. Farbskalierung wie in Abbildung 6.7.

Damit weist die kennlinienbasierte Steuerung gegenüber einem System mit virtuellem Fehlersensor keine erkennbaren Nachteile hinsichtlich ihrer Temperaturempfindlichkeit auf. Sie hat aber den Vorteil, dass die Steuergröße fest durch die Kennlinien vorgegeben werden. Entsprechend treten keine Fälle auf, in denen sich das Systemverhalten ähnlich dramatisch verschlechtert wie in den Berechnungen zum virtuellen Fehlersensor. Außerdem ist die Stabilität immer sichergestellt.

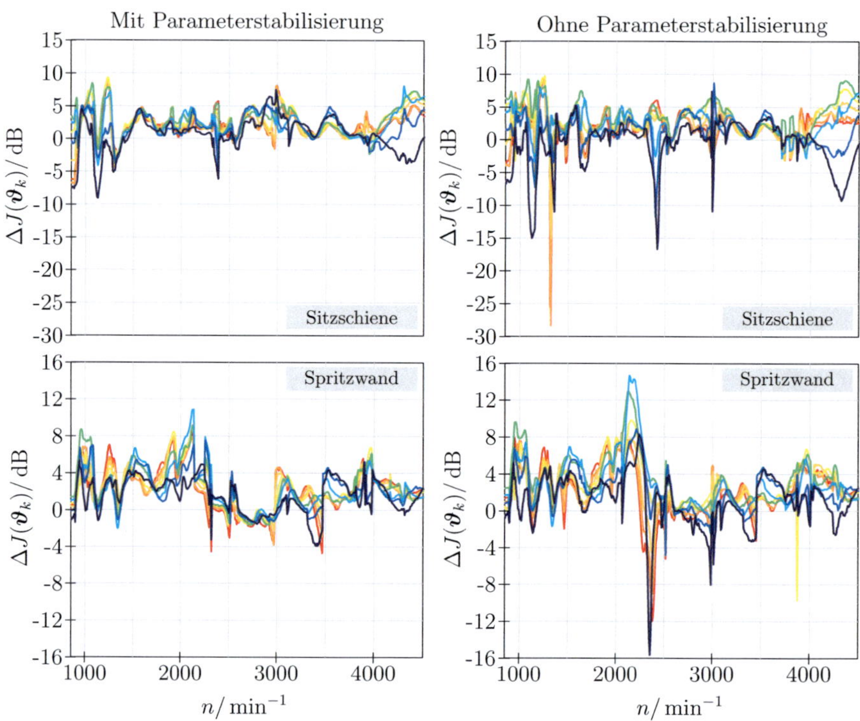

Abbildung 6.9: Erfolg durch die Parameterstabilisierung der Zielfunktion zur Berechnung der Kennlinie des virtuellen Fehlersensors. **Links**: Parameterstabilisierte Zielfunktion, **rechts**: normale Zielfunktion nach Gleichung 4.2. **Oben**: Verringerung des Effektivwerts der Beschleunigung der Sitzschiene für die zweite und vierte Motorordnung, **unten**: das Gleiche für die Spritzwand zwischen den Pedalen. Farbskalierung wie in Abbildung 6.7.

Kapitel 7

Online-Adaption der Kennlinien

Die Analyse des Temperatureinflusses im vorigen Kapitel und die dort zitierten Untersuchungen an mehreren baugleichen Fahrzeugen legen es nahe, die Kennlinien kontinuierlich zu adaptieren. Nur so kann dauerhaft in jedem gefertigten Fahrzeug eine komfortoptimale Lösung erreicht werden.

Gleichzeitig weist ein vollständig adaptives System große Vorteile für einen Serieneinsatz auf. So kann es ohne Vorkenntnisse in ein beliebiges Fahrzeug eingebaut werden. Die Anpassung an die individuellen Eigenschaften des Fahrzeugs nimmt das System dann vollständig selbst vor.

In diesem Kapitel werden Online-Adaptionsmechanismen vor allem für die Kennlinien der in Abbildung 2.6 auf Seite 20 dargestellten kurbelwellensynchronen Steuerung analysiert. Dabei sind vom Prinzip her immer zwei Vorgehensweisen denkbar. Zum einen können die verwendeten Kennlinien schrittweise durch ein systematisches Trial-and-Error-Suchverfahren verbessert werden. Zum anderen können die jeweiligen Parameter auch unter der Annahme eines Modells wie in den vorherigen Abschnitten während der Fahrt berechnet werden.

Im Folgenden wird zunächst die schrittweise Verbesserung untersucht werden. Zuerst werden dazu die statistischen Rahmenbedingungen analysiert. Anschließend werden experimentelle Ergebnisse für die Adaption der Kennlinien der kurbelwellensynchronen Steuerung dargestellt.

Das modellgestützte Vorgehen wird in Abschnitt 7.4 kurz untersucht. In Abschnitt 7.5 werden die Möglichkeiten einer Adaption der Kennlinien eines virtuellen Fehlersensors analysiert.

7.1 Systematisches Ausprobieren

Die einfachste Vorgehensweise für ein gezieltes Trial-and-Error-Verfahren ist die schrittweise Veränderung der Entscheidungsvariablen (hier: Aktorstrom) mit anschließender Beobachtung der Auswirkungen auf die Zielgröße (hier: Verhalten an den Bewertungspunkten).

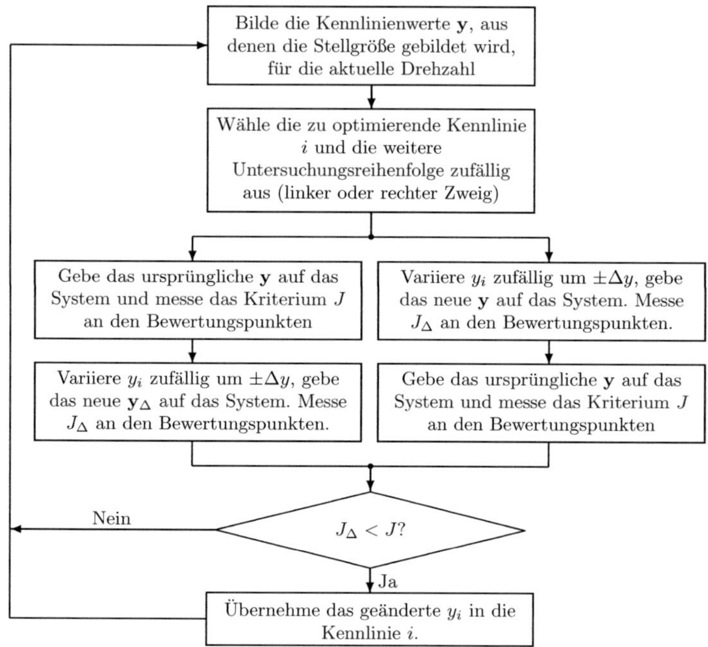

Abbildung 7.1: Prinzipielle Vorgehensweise für die hier betrachtete Trial-and-Error-Kennlinienoptimierung.

Dabei entscheidet das Verhältnis zwischen den systematischen und den zufälligen Variationen der Zielgröße über die Art der einzusetzenden Optimierungsstrategie. Ist der Unterschied hinreichend groß, kann auch die absolute Veränderung der Zielgröße ausgewertet werden. Entsprechend ließen sich die typischen gradientenbasierten Optimierungsverfahren der numerischen Mathematik nutzen. An Stelle der dort erforderlichen *Berechnung* der Zielgröße und Ihrer Ableitungen würden hier die realen, am System *gemessenen* Werte verwendet werden. Ist der Unterschied zwischen den zufälligen und den systematischen Veränderungen dagegen gering, lässt sich nur die Tendenz auswerten. Hat z. B. die Verkleinerung eines Optimierungsparameters zu einer Verbesserung geführt, wird die Verkleinerung beibehalten (Abbildung 7.1).

Mit zunehmenden Störungen verringert sich die Kausalität zwischen den testweisen Veränderungen der Stellgröße X und den gemessenen Veränderungen der Zielfunktion J. Entsprechend steigt die Zahl der Fehlentscheidungen. Die Folge ist eine Verringerung der Adaptionsgeschwindigkeit, bis möglicherweise keine systematische Fortbewegung mehr erkennbar ist. Je nach Verfahren ist u. U. auch eine numerische Instabilität denkbar.

k	$\overline{n}_k/\min^{-1}$	$\Delta n_k/\min^{-1}$	T_k/s	k	$\overline{n}_k/\min^{-1}$	$\Delta n_k/\min^{-1}$	T_k/s
1	849	10	7,7	2	1182	19	7,3
3	1950	59	7,3	4	2603	41	9,3
5	3006	29	9,3	6	3511	35	7,7
7	3917	45	7,3	8	4216	53	7,0

Tabelle 7.1: Für die statistischen Untersuchungen verwendetes Datenmaterial

7.1.1 Analyse der Bewertungspunktsignale

Analog zum bisher verwendeten quadratischen Störungsmaß J bietet sich der Effektivwert der Signale von den Bewertungspunkten als Zielfunktion an. Dabei ist die Berechnung im Zeitbereich über eine ganze Anzahl halber Kurbelwellenumdrehungen am einfachsten zu realisieren. Um systematische Einflüsse auf das Adaptionskriterium zu minimieren, müssen die systematischen Einflussgrößen, insbesondere die Motordrehzahl, konstant bleiben.

Für einen ersten Überblick werden die statistischen Eigenschaften der Signale im Auto bei acht verschiedenen, weitgehend konstanten Drehzahlen für den lastfreien Leerlauf untersucht. Die verwendeten Datensätze sind in Tabelle 7.1 zusammengefasst. Jeder der Messschriebe umfasst eine Länge von mindestens $T_k = 7\,\mathrm{s}$. Die Spannweite der Drehzahlvariation Δn_k beträgt zumeist weniger als $\pm1{,}5\,\%$. Technisch sind diese Drehzahlen als konstant anzusehen.

Mit diesen Daten zeigt sich zunächst, dass sich die einzelnen Zylinder in den Effektivwerten deutlich abzeichnen (Abbildung 7.2). Die einzelnen Werte wurden dabei jeweils im Abstand von einer halben Kurbelwellenumdrehung über ein festes Fenster mit einer Breite von einer halben Kurbelwellenumdrehung berechnet. Jeder Einzelwert erfasst daher einen vollständigen Zündvorgang. Wie Abbildung 7.2 zeigt, beträgt die Spannweite zwischen maximalem und minimalem Effektivwert des Beschleunigungsbetrags an den Motorlagern zumeist ca. 20 %, im Innenraum sogar ca. 40 % des Mittelwerts (siehe auch Tabelle B.1 im Anhang B auf Seite 136). Erstreckt man die Effektivwertberechnung über einen oder mehrere Verbrennungszyklen, lässt sich ein erheblich glatterer Verlauf erzielen (Abbildung 7.2). Allerdings zeichnet sich dort mit der zunehmenden Glättung durch eine längere Mittelwertbildung der Einfluss der Motordrehzahl stärker ab.

Entsprechend nimmt das multiple Bestimmheitsmaß R^2 des linearen Ansatzes[1]

$$|\vec{a}|_\text{eff} = \beta_0 + \beta_1 n,$$

mit zunehmender Länge der Effektivwertberechnung zu. Bei der Effektivwertberechnung über eine halbe Kurbelwellenumdrehung liegt es noch zumeist weit unter 0,1. Es können also nicht einmal 10 % der Streuung von $|\vec{a}|_\text{eff}$ durch den linearen Zusammenhang mit der Motordrehzahl erklärt werden.[2]

Bei der Effektivwertberechnung über zwei bzw. vier Kurbelwellenumdrehungen sind es dagegen ca. 20 bzw. 30 % für den Gesamteffektivwert und sogar 30 bzw. über 40 % für den nur aus der zweiten und vierten Motorordnung gebildeten Effektivwert.

---

[1]Vgl. zum multiplen Bestimmheitsmaß und seiner Interpretation [55, S. 51 ff.].
[2]Siehe auch Tabelle B.1 auf Seite 136 im Anhang B.

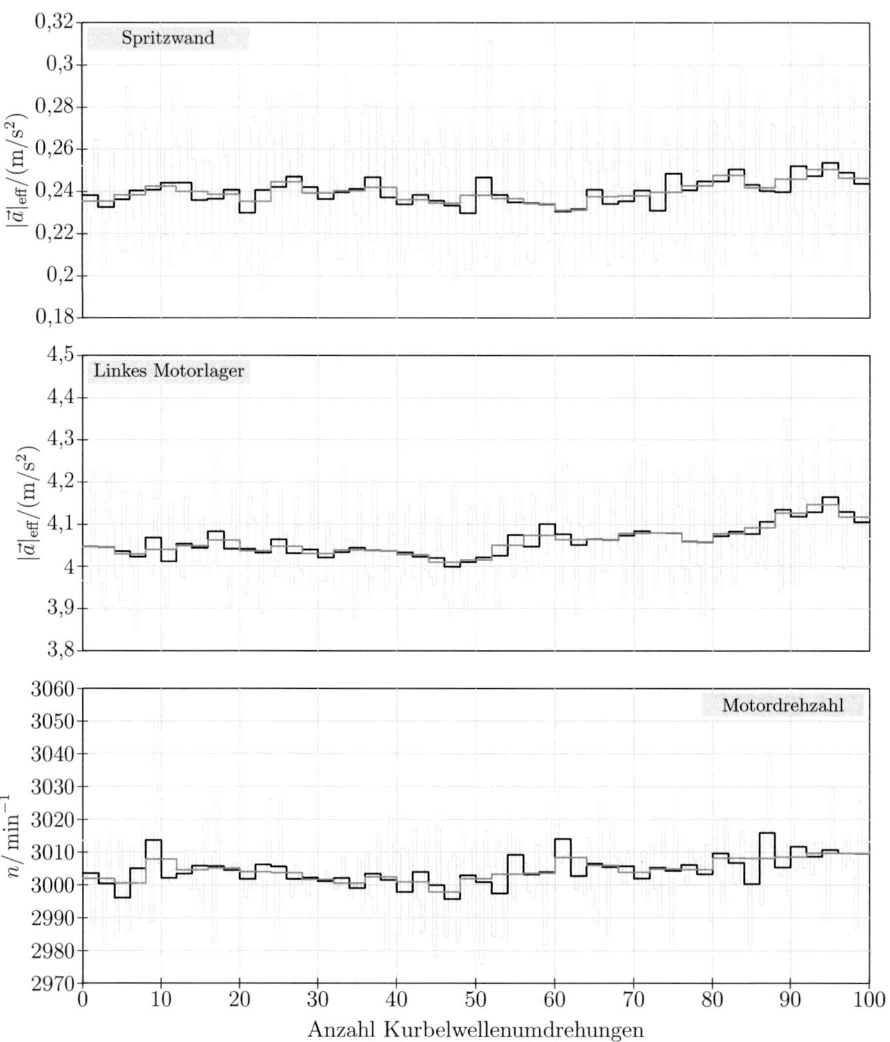

Abbildung 7.2: Effektivwertverlauf des Betrages des Beschleunigungsvektors $|\vec{a}|_{\text{eff}}$ an der Spritzwand zwischen den Pedalen (**oben**) bzw. chassisseitig am rechten Motorlager (**Mitte**). **Unten**: dazugehöriger Drehzahlverlauf bei $n \approx 3000 \text{ min}^{-1}$. Die drei Größen sind jeweils über eine halbe (<u>hellgrau</u>), zwei (<u>schwarz</u>) bzw. vier Kurbelwellenumdrehungen (<u>dunkelgrau</u>) berechnet worden. Die einzelnen Berechnungsintervalle schließen dabei direkt aneinander an. Der (ausgeschaltete) Aktor ist am linken Motorlager montiert.

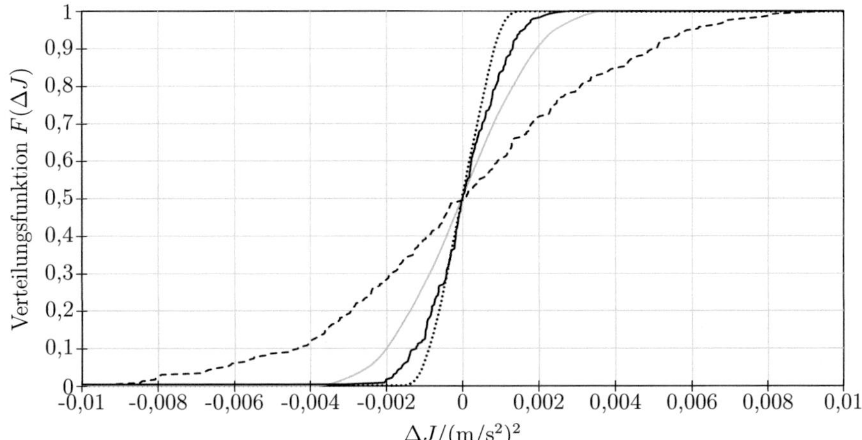

Abbildung 7.3: Verteilungsfunktion der über zwei Kurbelwellenumdrehungen berechneten Variationen des gesamten (gestrichelt) bzw. des nur aus der zweiten
Motorordnung (schwarz) berechneten Effektivwertquadrates J der Beschleunigung
der Spritzwand im ungeregelten System. Grau: Verteilungsfunktionen der Änderungen des Effektivwertquadrates bei einer Veränderung des Aktorstroms um
$\Delta X_r = 5\% I_{opt}$. Gepunktet: Wie die graue Kurve, es werden jedoch nur Steuergrößen betrachtet, bei denen das Systemverhalten vor der Veränderung besser als im
ungeregelten System ist.

Trotz der relativ kleinen Drehzahlschwankungen in den Testdatensätzen, hat die Motordrehzahl damit einen deutlichen Einfluss auf die berechneten Effektivwerte. Eine Adaption kann
nur bei weitgehend konstanter Motordrehzahl gelingen. Zwar ist der Drehzahleinfluss reproduzierbar und damit systematischer Natur. Ohne ein entsprechendes Modell lässt er sich
jedoch nicht korrigieren. Er wird damit zu den zufälligen Fehlern bei der Effektivwertmessung
hinzugerechnet.

7.1.2 Störeinfluss auf eine Adaption der Steuerkennlinien

Die Schwankungen des Effektivwerts im ungeregelten System sind als solche zunächst noch
unproblematisch. Schwierigkeiten ergeben sich erst, wenn diese Störeinflüsse die systematischen Effektivwertänderungen infolge der Änderung der Steuergrößen überdecken.

Im Folgenden wird der Einfluss auf die Online-Adaption einer Steuerung untersucht. Dabei
sollen die Steuerkennlinien des Aktorstroms für die zweite Motorordnung online adaptiert
werden. Abbildung 7.3 zeigt die Verteilungsfunktion der zufälligen Änderungen ΔJ des über
zwei Kurbelwellenumdrehungen berechneten Effektivwertquadrates J der Beschleunigung
an der Spritzwand. Das Effektivwertquadrat ist einmal im Zeitbereich (gestrichelt) bzw. im
Frequenzbereich über die zweite Motorordnung berechnet worden. Im Vergleich dazu enthält
die Abbildung die Verteilungsfunktionen der simulierten Effektivwertquadratänderungen bei

einer Variation des Aktorstroms. Real- bzw. Imaginärteil wurden dazu zufällig ausgewählt und um ca. 5% der optimalen Stellgröße variiert (grauer Verlauf). Als Ausgangspunkt wird ein Strom angenommen, der in der komplexen Ebene gleichverteilt ist und maximal den doppelten Betrag der optimalen Stellgröße aufweist.

Weiterhin zeigt Abbildung 7.3 die Verteilungsfunktion der Effektivwertquadratänderungen durch die Stromänderung, wenn der Effektivwert am Bewertungspunkt für die ursprüngliche Stellgröße kleiner als im ungeregelten System ist (gepunktet). In diesem Fall führt das aktive System mit den bisherigen Kennlinien schon zu einer Verbesserung. Es ist lediglich eine Nachoptimierung der Kennlinien erforderlich.

Die Kurven zeigen eine hohe Überdeckung der systematischen Veränderungen infolge der Stromänderung durch die zufälligen Schwankungen der im Zeitbereich ermittelten Effektivwertquadrate. So liegen ca. 90% aller systematischen Variationen in den Grenzen, in denen nur die Hälfte aller zufälligen Variationen realisiert. Noch ausgeprägter ist die Überdeckung, wenn nur die Stellgrößen mit einer Verbesserung gegenüber dem ungeregelten System betrachtet werden. Hier liegen alle systematischen Effektivwertquadratänderungen innerhalb des zentralen 50%-Schwankungsintervalls der zufälligen Störungen. Entsprechend ist die Wahrscheinlichkeit sehr klein, eine eigentlich bessere Steuergröße als solche zu erkennen.

Eine deutliche Verbesserung lässt sich erzielen, wenn man die Effektivwertberechnung auf die zweite Motorordnung einschränkt. Dazu wird auf dem Prozessrechner jedes Einzelsignal $y^b(k)$ vom Bewertungspunkt b in eine Sinus- und eine Cosinuskomponente für die o-te Motorordnung zerlegt. Die beiden Komponenten werden für jedes der Signale durch Korrelation über w halbe Kurbelwellenumdrehungen berechnet. Der Kurbelwellenwinkel φ wird über den in Abschnitt 2.4.2 beschriebenen Phasenregelkreis aus einem aus der Motorelektronik abgeleiteten Rechtecksignal nachgebildet.

Aus den N Abtastwerten, die während der w halben Kurbelwellenumdrehungen anfallen, ergeben sich die Komponenten mit dem Kurbelwellenwinkel $\varphi(k)$

$$s_{o,b} = \frac{2}{N} \sum_{k=1}^{N} y^b(k) \sin(o\varphi(k)) \qquad c_{o,b} = \frac{2}{N} \sum_{k=1}^{N} y^b(k) \cos(o\varphi(k)).$$

Aus allen $b = 1, \ldots, N_B$ Bewertungspunktsignalen kann dann die Zielfunktion

$$J_o = \sum_{b=1}^{N_B} (s_{o,b}^2 + c_{o,b}^2) \tag{7.1}$$

für die Motorordnung o gebildet werden.

Durch die Beschränkung auf die zweite Motorordnung nähert sich die Verteilungsfunktion der zufälligen Effektivwertquadratänderungen der Verteilungsfunktion der Effektivwertquadratänderungen durch die Aktorstromvariation an. Aus diesem Grund ist nur eine Beschränkung auf die jeweils durch die Steuerung beeinflussbare Motorordnung sinnvoll. Die zufälligen Einflüsse können deutlich verringert werden.

Damit sind letztlich noch keine Aussagen über den Erfolg eines Suchverfahrens möglich.

	$J_i < J_{i+1}$	$J_i > J_{i+1}$
$\tilde{J}_i < \tilde{J}_{i+1}$	kein Fehler	Fehler
$\tilde{J}_i > \tilde{J}_{i+1}$	Fehler	kein Fehler

Tabelle 7.2: Auftreten von Fehlern bei einem Einschrittverfahren

7.1.3 Erfolg eines einfachen Optimierungsverfahrens zur Adaption der Steuerkennlinien

Wegen der relativ großen Störungen erscheint eine Auswertung der absoluten Größe der Veränderung der Zielgröße unzweckmäßig. Entsprechend scheiden die gradientenbasierten Verfahren aus.

Ein ausgesprochen einfaches Optimierungsverfahren besteht darin, zunächst den Effektivwert bzw. dessen Quadrat der Signale an den Bewertungspunkten für die alte Steuergröße X und danach für die geänderte Steuergröße $X^* = X + \Delta X$ zu messen. Ist X^* besser geeignet als X, wird X^* als Startwert für den nächsten Optimierungsschritt weitergenutzt. Die Variation ΔX besteht dabei aus einer Veränderung des Real- bzw. Imaginärteils[3] des Aktorstroms einer einzelnen Motorordnung. Bei der Bestimmung des Effektivwertquadrates J_o für eine einzelne Motorordnung nach Gleichung 7.1 kann diese Strategie simultan für mehrere Motorordnungen durchgeführt werden. Die Darstellung beschränkt sich aber auf den Fall einer einzigen zu adaptierenden Kennlinie für die zweite Motorordnung.

Bei diesem Vorgehen sind nur solche Störungen funktionsbeeinträchtigend, die den Charakter der Effektivwertänderung umkehren. In diesem Fall würde eine eigentlich bessere Stellgröße fälschlicherweise als schlechtere erkannt und umgekehrt. Im Folgenden wird angenommen, dass sich das gemessene Kriterium im Ausgangspunkt $\tilde{J}_i$ und das bei geänderter Steuergröße $\tilde{J}_{i+1}$ aus dem jeweiligen wahren Wert J und einer additiv überlagerten Störung s als

$$\tilde{J}_i = J_i + s_i \quad \text{und} \quad \tilde{J}_{i+1} = J_{i+1} + s_{i+1}$$

zusammensetzen. Das Suchverfahren führt zu einer verbesserten Stellgröße, wenn bei vorliegendem $J_i < J_{i+1}$ auch $\tilde{J}_i < \tilde{J}_{i+1}$ bzw. bei $J_{i+1} < J_i$ auch $\tilde{J}_{i+1} < \tilde{J}_i$ gemessen wird. Ist $J_i > J_{i+1}$, verfälscht eine beliebig große Störung $s_i > s_{i+1}$ das Ergebnis nicht. Das Suchverfahren „erkennt" die richtige Richtung als Verbesserung. Die vier möglichen Fälle fasst Tabelle 7.2 zusammen.

Entsprechend ergibt sich die Erfolgswahrscheinlichkeit für eine richtige Entscheidung als

$$P(\text{Erfolg}|J_i - J_{i+1}) = \begin{cases} P(\tilde{J}_i - \tilde{J}_{i-1} < 0) = P(J_i - J_{i+1} < s_{i+1} - s_i), & \text{falls } J_i - J_{i+1} < 0 \\ P(\tilde{J}_i - \tilde{J}_{i-1} > 0) = P(J_i - J_{i+1} > s_{i+1} - s_i), & \text{falls } J_i - J_{i+1} > 0. \end{cases}$$

---

[3]Das Störungsmaß J ist streng konvex im Real- und Imaginärteil des Aktorstroms. Die Variation von Real- und Imaginärteil führt daher auf ein eindeutiges Minimum. Die systematische Variation von Betrag und Phase führt dagegen nicht zum Ziel. Z. B. ist eine Veränderung des Phasenwinkels bei einem Betrag von null zwecklos.

Mit $\Delta s_i = s_{i+1} - s_i$ und $\Delta J_i = J_i - J_{i+1}$ vereinfacht sich dies zu

$$P(\text{Erfolg}|\Delta J_i) = \begin{cases} P(\Delta J_i < \Delta s_i), & \text{falls } \Delta J_i < 0 \\ P(\Delta J_i > \Delta s_i), & \text{falls } \Delta J_i > 0. \end{cases}$$

Mit der Verteilungsfunktion der zufälligen Effektivwertquadratänderungen aus zwei aufeinanderfolgenden Messungen $F_{\Delta s}(x) = P(\Delta s_i \leq x)$ folgt daraus

$$P(\text{Erfolg}|\Delta J_i) = \begin{cases} 1 - F_{\Delta s}(\Delta J_i), & \text{falls } \Delta J_i < 0 \\ F_{\Delta s}(\Delta J_i), & \text{falls } \Delta J_i > 0. \end{cases}$$

Zur Beschreibung der gesamten Fehlerwahrscheinlichkeit bietet sich der Erwartungswert der Erfolgswahrscheinlichkeit

$$P(\text{Erfolg}) = \int_{-\infty}^{0} (1 - F_{\Delta s}(\Delta J_i)) f_{\Delta J}(\Delta J_i) \mathrm{d}(\Delta J_i) + \int_{0}^{\infty} F_{\Delta s}(\Delta J_i) f_{\Delta J}(\Delta J_i) \mathrm{d}(\Delta J_i)$$

mit der Verteilungsdichtefunktion $f_{\Delta J}$ der systematischen Änderungen ΔJ_i an. Zwar ist ΔJ_i als Differenz der ungestörten, wahren Effektivwerte strenggenommen keine Zufallsvariable. Jedoch ist der Startpunkt, d. h. die Stellgröße für die J_i gemessen wird, nach einigen gestörten Adaptionsversuchen oder einer starken Temperaturänderung mehr oder weniger zufällig.

Durch einen zufälligen Wechsel der Untersuchungsreihenfolge der alten bzw. neuen Stellgröße sind die Differenzen Δs_i und ΔJ_i unabhängig und jeweils symmetrisch verteilt. Es folgt

$$P(\text{Erfolg}) = 2 \int_{0}^{\infty} F_{\Delta s}(\Delta J_i) f_{\Delta J}(\Delta J_i) \mathrm{d}(\Delta J_i). \tag{7.2}$$

Die beteiligten Verteilungsfunktionen sind nicht bekannt und müssen aus den Stichprobenwerten ermittelt werden. Mit der empirischen Verteilungsfunktion $\hat{F}_{\Delta s}$ ergibt sich bei insgesamt $k = 1 \dots N_{\Delta J}$ Werten ΔJ_k schließlich die geschätzte Erfolgswahrscheinlichkeit zu

$$\hat{P}(\text{Erfolg}) = \frac{1}{N_{\Delta J}} \sum_{k, \Delta J_k < 0} (1 - \hat{F}_{\Delta s}(\Delta J_k)) + \frac{1}{N_{\Delta J}} \sum_{k, \Delta J_k > 0} \hat{F}_{\Delta s}(\Delta J_k).$$

Zur Interpretation von Gleichung 7.2 sollen die beiden Extremfälle untersucht werden:

1. Sehr kleine Störungen Δs_i und eine deutlich erkennbare systematische Effektivwertänderung ΔJ_i: Da alle zufälligen Variationen dicht bei null liegen, steigt die Verteilungsfunktion $F_{\Delta s}$ in der Umgebung um den Nullpunkt sehr steil von null auf eins an. Im betrachteten Integrationsbereich ist $F_{\Delta s}$ entsprechend nahezu überall gleich eins. Damit geht Gleichung 7.2 in das Integral über den oberen Teil der symmetrisch um Null liegenden Verteilungsdichtefunktion $f_{\Delta J}$ mit $\Delta J_i > 0$ über. Durch die Symmetrie nimmt es den Wert 0,5 an. Die Erfolgswahrscheinlichkeit liegt damit, wie erwartet, dicht bei eins.

2. Sehr große Störungen Δs_i und eine sehr kleine systematische Effektivwertänderung ΔJ_i: Die Verteilungsfunktion $F_{\Delta s}$ ist infolge ihrer Symmetrie in der Nähe des Nullpunktes weitgehend konstant gleich 0,5. Dort weist die Verteilungsdichtefunktion der systematischen Änderungen praktisch ihre gesamte Fläche auf. Damit entspricht das Integral in Gleichung 7.2 etwa der Hälfte des Integrals über den oberen Teil der Verteilungsdichtefunktion $f_{\Delta J}$ mit $\Delta J_i > 0$. Wegen der angenommenen Symmetrie ist die Fehlerwahrscheinlichkeit, damit etwa 0,5, auf jeden Fall aber größer als 0,5.

Die aus den Testdatensätzen mit Hilfe der empirischen Verteilungsfunktionen berechneten Erfolgswahrscheinlichkeiten bei den hier betrachteten Drehzahlen zeigt Abbildung 7.4. Die Diagramme im rechten Teil der Abbildung stellen den Fall dar, dass eine gute Stellgröße nachoptimiert wird, für die das Systemverhalten besser als bei abgeschaltetem Aktor ist. Der Aktorstrom wurde jeweils um $\pm\Delta X = 100\,\text{mA}$ variiert, für die zufällig ausgewählten Aktorströme wurde ein maximaler Betrag von $4\,\text{A}$ angesetzt. Die Erfolgswahrscheinlichkeit liegt in diesem Fall zumeist über 60, oft sogar über 80 %. Auch wenn der anfängliche Aktorstrom bereits zur Verbesserung führt, ist die Erfolgswahrscheinlichkeit nur unwesentlich geringer.

Bei der Interpretation ist zu beachten, dass die Größe der Aktorstromänderung das Ergebnis maßgeblich beeinflusst. Je größer die Änderung ist, desto deutlicher treten die systematischen Effektivwertänderungen hervor. Gleichzeitig führt die testweise Variation des Aktorstroms ab einer bestimmten Schrittweite selbst zu einer Komfortbeeinträchtigung. Außerdem wird das Optimum nie dauerhaft erreicht. Vielmehr variiert das Verfahren ständig auch einen optimalen Aktorstrom, um seine Optimalität zu prüfen. Je größer die Schrittweite ist, desto weniger genau kann das Optimum eingestellt werden, desto schlechter ist die Konvergenz. Der gewählte Maximalstrom ist für die verwendeten Aktoren realistisch. Die Schrittweite wurde so gewählt, dass sie im Vergleich zu den üblichen Stellgrößen nicht zu groß ist.

Bei diesem sehr einfachen Optimierungsverfahren ist die Konvergenz auch bei ungünstigsten Bedingungen zumindest im statistischen Mittel sichergestellt. So ist die Wahrscheinlichkeit für eine Verbesserung immer zumindest größer als 0,5. Anders sieht es dagegen bei aufwändigeren Ansätzen wie dem Simplex-Algorithmus nach Nelder/Mead aus. Beim Simplexverfahren ist -bei simultaner Optimierung von Real- und Imaginärteil der Stellgröße- in einem Optimierungsschritt die Untersuchung von fünf verschiedenen Stellgrößen erforderlich. Dabei dürfen die Störungen s_i die Rangfolge der $i = 1,\ldots,5$ Effektivwerte J_i bei den einzelnen Stellgrößen nicht verändern. Zwar führt nicht jede Änderung der Rangfolge dazu, dass sich der Simplex vom Optimum entfernt. Dennoch wird der effizienteste Optimierungsschritt nur mit einer deutlich unter 0,5 liegenden Wahrscheinlichkeit ausgeführt.

Da weiterhin schon der einfache Größenvergleich unterschiedlicher Stellgrößen deutlich gestört wird, scheiden gradientenbasierte oder Newton-ähnliche Verfahren, die die absolute Änderung des Wertes der Zielfunktion auswerten, erst recht aus.

Werden mehrere Optimierungsschritte hintereinander ausgeführt, ergeben sich bei dem beschriebenen Verfahren durch die teilweise relativ geringe Erfolgswahrscheinlichkeit stark streuende Endpunkte. Der Einfachheit halber werde angenommen, dass sich das Optimum durch eine Vergrößerung des Realteils der Stellgröße um ΔX_r in zehn Schritten erreichen lässt. Weiterhin werde die Verbesserung nur in X_r-Richtung versucht. Anstelle einer zu-

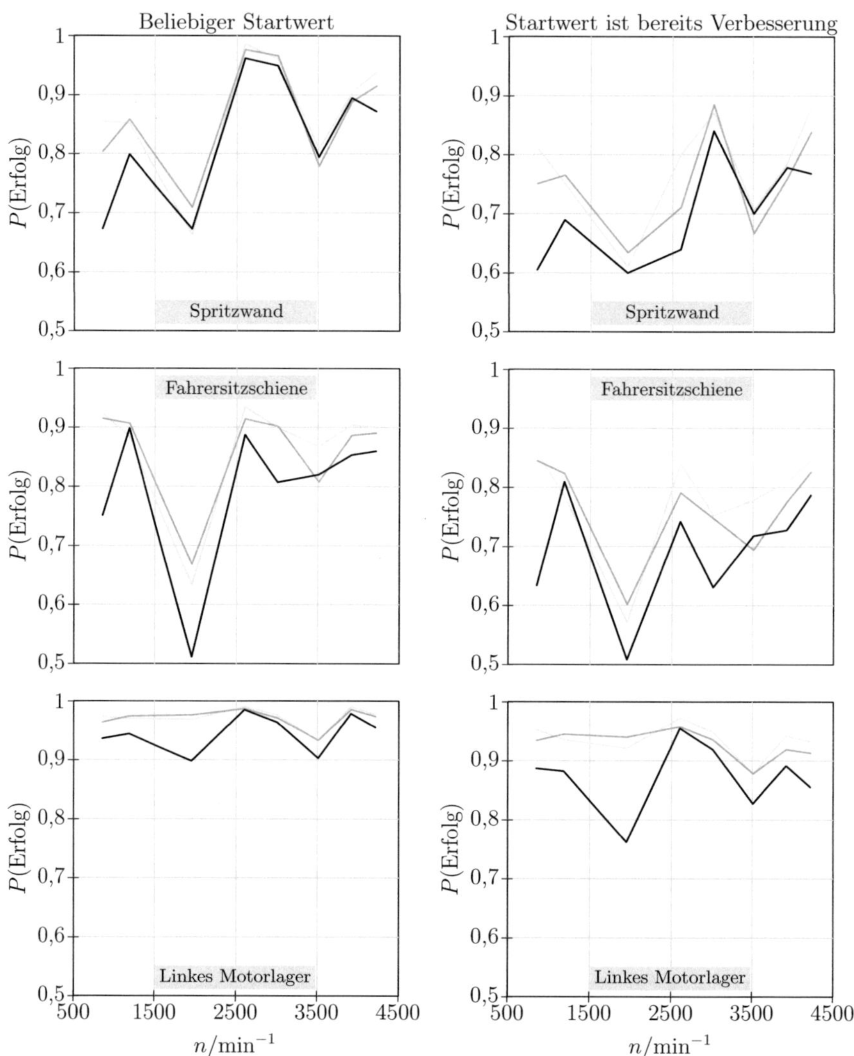

Abbildung 7.4: Erfolgswahrscheinlichkeit bei Verwendung des dargestellten einfachen Optimierungsverfahrens und einer Variation des Aktorstroms um $\Delta X = 100\,\text{mA}$. Adaptionskriterium ist der Effektivwert der Beschleunigung an der Spritzwand zwischen den Pedalen (**oben**), an der Sitzschiene (**Mitte**) bzw. am linken Motorlager (**unten**). **Links**: Suchschritt von einem beliebigen Strom aus. **Rechts**: Suchschritt für einen Aktorstrom, mit dem das System besser als bei abgeschalteter Steuerung ist. Die Effektivwertbildung erfolgt über vier (durchgezogen), acht (gestrichelt) bzw. 16 (hellgrau) halbe Kurbelwellenumdrehungen.

fälligen Auswahl der Optimierungsrichtung werde je zehnmal erst eine Vergrößerung und dann eine Verkleinerung von X_r um ΔX_r untersucht. Die (richtige) Vergrößerung werde mit der Erfolgswahrscheinlichkeit p_E als Verbesserung erkannt und als Ausgangspunkt für den nächsten Schritt beibehalten. Eine (falsche) Verkleinerung von X_r wird mit der Fehlerwahrscheinlichkeit $1 - p_E$ nicht als Verschlechterung erkannt und ebenfalls ausgeführt.

Bezeichnet man die Anzahl ausgeführter Vergrößerungen von X_r mit U und die Anzahl Verkleinerungen mit V, stellt $Z\Delta X_r = (U - V)\Delta X_r$ die resultierende Endposition bzw. Gesamtschrittweite dar. Z ist damit die Differenz zweier binomialverteilter Zufallsvariablen U und V mit den Verteilungsdichtefunktionen

$$P_U(u) = P(U = u) = b(u, N, p_E) = \binom{N}{u} p_E^u (1 - p_E)^{N-u}$$

bzw.

$$P_V(v) = P(V = v) = b(v, N, 1 - p_E) = \binom{N}{v} (1 - p_E)^v p_E^{N-v}.$$

Die Wahrscheinlichkeitsdichte $P(Z = z)$ ergibt sich damit als[4]

$$P(Z = z) = \begin{cases} \displaystyle\sum_{k=-z}^{N} P_U(z + k)P_V(k) = \sum_{k=-z}^{N} b(z + k, N, p_E) \cdot b(k, N, 1 - p_E) & \text{für } z < 0 \\ \displaystyle\sum_{k=0}^{N-z} P_U(z + k)P_V(k) = \sum_{k=0}^{N-z} b(z + k, N, p_E) \cdot b(k, N, 1 - p_E) & \text{für } z \geq 0. \end{cases}$$

Die Wahrscheinlichkeitsdichtefunktion ist bei $N = 10$ Schritten für $p_E = 0{,}6$ in Abbildung 7.5 in grau dargestellt. Demnach hat nach 10 Schritten in 24 % aller Fälle entweder keine Annäherung oder sogar eine Entfernung vom Optimum ($z \leq 0$) stattgefunden. Zwar liegt der Erwartungswert der resultierenden Schrittweite mit $(2p_E - 1)N\Delta X_r$ hier bei $2\Delta X_r$. Allerdings ist die tatsächliche Gesamtschrittweite in 95 % aller Fälle kleiner gleich fünf und verfehlt den bestmöglichen Wert von 10 damit zumeist deutlich.

Im statistischen Mittel lässt sich ausnutzen, dass die Wahrscheinlichkeit für eine Verbesserung der Stellgröße größer als 0,5 ist. Bei 100 Testschritten der Weite ΔX_r, bei denen bei einer vermeintlich erfolgreichen Veränderung diese nur mit $\Delta X_r/10$ ausgeführt wird, lässt sich die Streuung der Gesamtschrittweite um Faktor $\sqrt{10}$ reduzieren. Entsprechend hat man sich nur noch in 0,3 % aller Fälle nicht auf das Optimum zubewegt oder sich davon entfernt. Dafür liegt die resultierende Schrittweite in 87 % aller Fälle zwischen ΔX_r und $3\Delta X_r$ (Abbildung 7.5, schwarze Darstellung). Unter Verzicht auf eine hohe Adaptionsgeschwindigkeit lässt sich die Systematik bei der Suche erhöhen.

Praktisch wird die Mittelwertbildung durch das für die Kennlinie verwendete LOLIMOT-System erreicht (siehe Abschnitt 7.2). Durch die Wahl der Lerngeschwindigkeit λ kann gesteuert werden, wie stark neue Werte die bisherige Kennlinie beeinflussen. Dem Kennliniensystem wird immer der zuletzt als Verbesserung erkannte Wert als Anlernwert vorgegeben. Der neue Ausgabewert der Kennlinie stellt dann den Ausgangspunkt für die weitere Suche dar. Damit

---

[4]Zur Berechnung der resultierenden Dichtefunktion von Differenzen von Zufallsvariablen vgl. z. B. [76, S. 185 f.]

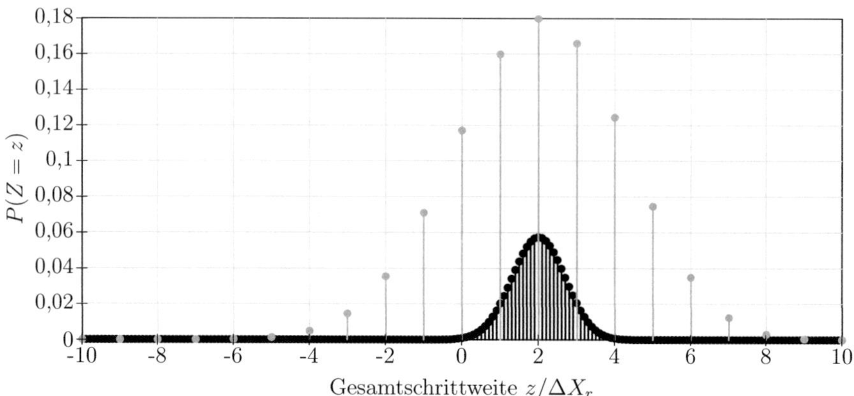

Abbildung 7.5:   Verteilungsdichtefunktion der Gesamtschrittweite des Optimierungsverfahrens. Zunächst wird die (richtige) Vorwärtsrichtung untersucht und mit $p_E = 0{,}6$ als Verbesserung erkannt und als Ausgangspunkt für den nächsten Schritt beibehalten. Anschließend wird die (falsche) Rückwärtsrichtung geprüft. Diese wird mit der Fehlerwahrscheinlichkeit $1 - p_E = 0{,}4$ als Verbesserung erkannt und beibehalten. <u>Grau</u>: Resultierende Vorwärtsbewegung bei $N = 10$ Testschritten. Eine vermeintlich erkannte Verbesserung wird hier um die volle Schrittweite ΔX_r ausgeführt. <u>Schwarz</u>: Resultierende Vorwärtsbewegung bei $N = 100$ Testschritten. Eine erkannte Verbesserung wird hier nur mit $\Delta X_r/10$ ausgeführt.

wird die neue Stellgröße die bisherige nur zu einem kleinen Teil verändern. Bei hinreichend starker Glättung infolge des Anlernens ist die Konvergenz sichergestellt. Gleichzeitig nimmt jedoch die Konvergenzgeschwindigkeit entsprechend ab.

7.2   Entwicklung einer schnellen Anlernstrategie für LOLIMOT-Systeme

Die verbesserten Aktorströme sind in geeigneter Form in die Kennlinien zu übernehmen. Zur Online-Adaption der hier als Kennlinien verwendeten LOLIMOT-Netze wird zumeist eine rekursive Kleinste-Quadrate-Schätzung (RLS) vorgeschlagen [27, S. 820]. Dabei werden die Gewichte des m-ten Teilmodells y_m, d. h. $\mathbf{w}^T(k) = [w_{0,m}(k), w_{1,m}(k)]$ durch die Vorschriften

$$\mathbf{w}_m^T(k) = \mathbf{w}_m^T(k-1) + \boldsymbol{\gamma}_m(k-1)\left(y(k) - \mathbf{x}^T(k)\mathbf{w}_m(k-1)\right)$$

$$\boldsymbol{\gamma}_m(k) = \frac{\mathbf{P}_m(k-1)\mathbf{x}(k)}{\mathbf{x}^T(k)\mathbf{P}_m(k-1)\mathbf{x}(k) + \dfrac{\lambda}{\Phi_m(\mathbf{x}(k), \mathbf{c}_m, \boldsymbol{\sigma}_m)}} \tag{7.3}$$

$$\mathbf{P}_m(k) = \frac{1}{\lambda}\left[\mathbf{I} - \boldsymbol{\gamma}_m(k)\mathbf{x}^T(k)\right]\mathbf{P}_m(k-1)$$

aktualisiert. Üblicherweise wird nur das Teilmodell angelernt, in dessen Bereich die neue Eingangsgröße fällt. Außerdem bleiben die Modellmitten und der Grad des Verschleifens der Teilmodelle unverändert.

Über den Parameter λ in Gleichung 7.3 wird gesteuert, wie schnell alte Messwerte vergessen werden. Der Vektor $\mathbf{x}(k) = [1, n(k)]^T$ enthält die Motordrehzahl $n(k)$, bei der die neu anzulernenden Werte $y(k)$ der Kennlinie ermittelt wurden. Bei dieser Art der Adaption bleibt die Struktur des LOLIMOT-Netzes, d. h. die Lage der Modellmitten unverändert.

Anstelle der rechenintensiven Vorschriften 7.3 lässt anschaulich auch eine einfachere Regel motivieren:

Betrachtet man das m-te lineare Modell

$$y_m = w_{0,m} + w_{1,m}x,$$

berechnen sich die geschätzten Parameter $\mathbf{w} = [w_{0,m}, w_{1,m}]^T$ bei einer gewöhnlichen Kleinste-Quadrate-Schätzung aus

$$\hat{\mathbf{w}} = \left(\mathbf{X}^T\mathbf{X}\right)^{-1}\mathbf{X}^T\mathbf{y}.$$

Dabei ist die Regressormatrix $\mathbf{X}$ (bei insgesamt N Motordrehzahlen $x_i = n_i$)

$$\mathbf{X} = \begin{bmatrix} 1 & 1 & \ldots 1 \\ x_1 & x_2 & \ldots x_N \end{bmatrix}^T$$

und $\mathbf{y}$ der Vektor der gewünschten Ausgabewerte der Kennlinie.

Stellt sich nun an einer Stelle x_n, die in der zweiten Spalte der Regressormatrix $\mathbf{X}$ enthalten ist, und neuer Wert $y_n(k)$ ein, ist die Kennlinie im Grunde nur bei x_n zu verändern. Entsprechend lassen sich neben dem neuen Wert $N-1$ Punkte erzeugen, die exakt auf der bisherigen Geraden liegen. Mit diesen Punkten und $(x_n, y_n(k))$ lassen sich die neuen Parameter über

$$\hat{\mathbf{w}}_m(k) = \left(\mathbf{X}^{*T}\mathbf{X}^*\right)^{-1}\mathbf{X}^{*T}\mathbf{y}^*(k) \tag{7.4}$$

mit $\mathbf{X}^* = \mathbf{X}$ und

$$\mathbf{y}^*(k) = \begin{bmatrix} w_{0,m}(k-1) + w_{1,m}(k-1)x_1 \\ \vdots \\ w_{0,m}(k-1) + w_{1,m}(k-1)x_{n-1} \\ y_n(k) \\ w_{0,m}(k-1) + w_{1,m}(k-1)x_{n+1} \\ \vdots \\ w_{0,m}(k-1) + w_{1,m}(k-1)x_N \end{bmatrix}$$

berechnen. Würde $y_n(k)$ exakt auf der Kennlinie liegen, bleiben die Modellparameter unverändert. Erweitert man das n-te Element in $\mathbf{y}^*(k)$, d. h. $y_n(k)$, durch Ergänzen einer Null

$$w_{0,m}(k-1) + w_{1,m}(k-1)x_n + y_n(k) - (w_{0,m}(k-1) + w_{1,m}(k-1)x_n),$$

lässt sich $\mathbf{y}^*(k)$ durch

$$\mathbf{y}^*(k) = \mathbf{X}\mathbf{w}(k-1) + [0,0,\ldots,0,y_n(k) - (w_{0,m}(k-1) + w_{1,m}(k-1)x_n),0,\ldots,0]^T$$
$$= \mathbf{X}\mathbf{w}(k-1) + \Delta y(k)\mathbf{e}_n$$

mit $\mathbf{e}_n$ als n-tem Einheitsvektor und $\Delta y(k) = y_n(k) - (w_{0,m}(k-1) + w_{1,m}(k-1)x_n)$ darstellen. Der verbesserte Parametervektor des m-ten Modells $\mathbf{w}_m(k)$ ergibt sich durch Einsetzen zu

$$\mathbf{w}_m(k) = \left(\mathbf{X}^T\mathbf{X}\right)^{-1}\mathbf{X}^T\left[\mathbf{X}w(k-1) + \Delta y(k)\mathbf{e}_n\right]$$
$$= \mathbf{w}_m(k-1) + \Delta y(k)\left(\mathbf{X}^T\mathbf{X}\right)^{-1}\mathbf{X}^T\mathbf{e}_n.$$
$$= \mathbf{w}_m(k-1) + \Delta y(k)\left(\mathbf{X}^T\mathbf{X}\right)^{-1}\begin{bmatrix}1\\x_n\end{bmatrix}.$$

Durch eine Reihe von Vereinfachungen lässt sich der Rechenaufwand erheblich verringern. Zum einen sind die Punkte, an denen die Werte der alten Kennlinie zu berechnen sind, frei wählbar. Entsprechend kann man sie z. B. äquidistant um die Modellmitte $x_c = c_m$ mit dem Abstand Δx wählen. Weiterhin ist

$$\left(\mathbf{X}^T\mathbf{X}\right)^{-1} = \begin{bmatrix} N & N\overline{x} \\ N\overline{x} & N\overline{x^2} \end{bmatrix}^{-1} = \frac{1}{N(\overline{x^2} - \overline{x}^2)}\begin{bmatrix} \overline{x^2} & -\overline{x} \\ -\overline{x} & 1 \end{bmatrix}.$$

Durch eine äquidistante Wahl der x_i in der Form

$$x_i = x_c + i\Delta x, \quad \text{mit } i = -\frac{N-1}{2}, -\frac{N-1}{2}+1,\ldots,0,\ldots,\frac{N-1}{2}-1,\frac{N-1}{2}$$

folgt für ein ungerades N

$$\overline{x} = \frac{1}{N}\sum_{i=-(N-1)/2}^{(N-1)/2}[x_c + i\Delta x] = x_c.$$

Außerdem ist

$$\overline{x^2} - \overline{x}^2 = \frac{1}{N}\sum_{i=1}^{N}(x_i - \overline{x})^2 = \frac{\Delta x^2}{N}\sum_{i=-(N-1)/2}^{(N-1)/2} i^2 = \frac{2\Delta x^2}{N}\sum_{i=1}^{(N-1)/2} i^2 = \frac{N^2-1}{12}\Delta x^2$$
$$:= \frac{2\Delta x^2}{N}\kappa := \frac{\Xi}{N},$$

so dass sich

$$\left(\mathbf{X}^T\mathbf{X}\right)^{-1} = \frac{1}{2\kappa\Delta x^2}\begin{bmatrix} \dfrac{2\Delta x^2}{N}\kappa + x_c^2 & -x_c \\ -x_c & 1 \end{bmatrix} = \begin{bmatrix} \dfrac{1}{N} + \dfrac{x_c^2}{\Xi} & -\dfrac{x_c}{\Xi} \\ -\dfrac{x_c}{\Xi} & \dfrac{1}{\Xi} \end{bmatrix}$$

ergibt.

Somit lässt sich der Parametervektor der nächsten Stufe durch

$$\hat{\mathbf{w}}_m(k) = \hat{\mathbf{w}}_m(k-1) + \Delta y(k) \begin{bmatrix} \dfrac{1}{N} + \dfrac{x_c^2}{\Xi} & -\dfrac{x_c}{\Xi} \\[2ex] -\dfrac{x_c}{\Xi} & \dfrac{1}{\Xi} \end{bmatrix} \begin{bmatrix} 1 \\ x_n \end{bmatrix}$$

berechnen.

Die skalaren Parameter N und Ξ sind für jedes der $m = 1, \ldots, M$ linearen Teilmodelle unabhängig von den neuen Messwerten konstant. Sie können daher für jedes Modell ohne großen Aufwand im Speicher des verwendeten Prozessrechners abgelegt werden. Entsprechend gering ist der Rechenaufwand zur Laufzeit. Ersetzt man $\Delta y(k)$ durch $\lambda \Delta y(k)$ lässt sich über den Parameter λ die Konvergenzgeschwindigkeit steuern.

In der Praxis wird sich zwar nie exakt eine der Motordrehzahlen (x_i-Werte) einstellen, die hier äquidistant um die Modellmitte x_c angenommen wurden. Damit funktioniert der Austausch des alten Kennlinienwerts an der Stelle x_n durch den neuen Wert der Stellgröße $y_n(k)$ streng genommen nicht. Gleichwohl stellt das jeweils nächste x_i bei hinreichend dicht liegenden Stützstellen eine gute Näherung dar. Deckt z. B. ein lineares Teilmodell einen Bereich von 200 min^{-1} ab und setzt man $N = 20$ Stützstellen an, beträgt der Fehler durch die Rundung ungünstigstenfalls 5 min^{-1}. Dies liegt zumeist unterhalb des Messfehlers für die Motordrehzahl.

Vergleiche haben gezeigt [54, S. 53 ff.], dass sich bei deutlich geringerem Rechenaufwand etwa mit dem RLS-Verfahren vergleichbare Ergebnisse bei der Online-Adaption der lokal linearen Modelle erzielen lassen.

7.3 Experimentelle Ergebnisse für die Trial-and-Error-Suche

Im Experiment lassen sich bei der Adaption der kurbelwellensynchronen Steuerung an den Bewertungspunkten gute Ergebnisse erzielen. Dazu wurde der Motor in einer Anlernphase von ca. 20 Minuten bei verschiedenen konstanten Drehzahlen jeweils für ca. eine Minute laufen gelassen. Als Anfangswerte wurden die Offset- und Steigungsparameter der die Kennlinie bildenden lokal linearen Modelle zu Null gesetzt. Ausgangsgröße war damit für alle Drehzahlen der Aktorstrom Null. Die Schrittweite wurde so gewählt, dass die schrittweise Veränderung subjektiv nicht wahrnehmbar war.

Mit einer derart angelernten Steuerkennlinie wird z. B. der Effektivwert der zweiten Motorordnung des triaxialen Beschleunigungsvektors an der Spritzwand im oberen Drehzahlbereich durchweg um mehr als vier Dezibel, maximal sogar um 10 dB verringert (Abbildung 7.6). Auch der gewichtete[5] geometrische Mittelwert der Effektivwerte der Mikrofonspannungen von den beiden Vordersitzen und hinten links lässt oft um mehr als 4 dB durch die Steue-

---

[5]Gewichtungsfaktoren $w_{\nu,o,b}$: Kopfstütze Fahrersitz und Beifahrersitz: jeweils 1, Kopfstütze hinten links: 0,4

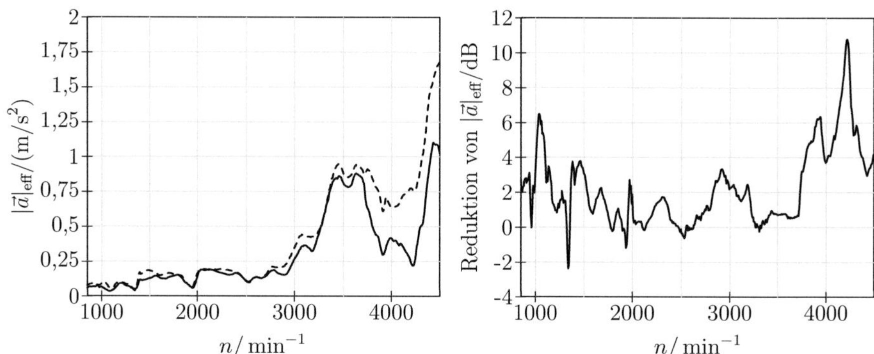

Abbildung 7.6: **Links**: Gemessene Verläufe des aus der zweiten Motorordnung berechneten Effektivwerts des Betrages des Beschleunigungsvektors an der Spritzwand zwischen den Pedalen für einen langsamen Motorhochlauf. Die gestrichelte Kurve ergibt sich bei abgeschaltetem Aktor, der durchgezogene Verlauf bei eingeschaltetem Aktor mit den im Fahrzeug angelernten Steuerkennlinien. **Rechts**: Relative Verringerung des gewichteten Effektivwerts durch Einschalten der Steuerung.

rung verringern (2300-2700 min^{-1} in Abbildung 7.7). Referenz ist dabei jeweils das Verhalten bei abgeschaltetem Aktor.

Bei nicht direkt zum Anlernen verwendeten Drehzahlen ergeben sich durch die Interpolationseigenschaften des LOLIMOT-Netzes zumeist ebenfalls brauchbare Ergebnisse. Eine Verschlechterung gegenüber dem System mit abgeschaltetem Aktor ist hier zwar möglich. Sie tritt aber selten auf und bleibt zumeist gering.

Insgesamt ergeben sich damit mit diesem Verfahren sehr brauchbare Ergebnisse. Vor allem ist zu beachten, dass die relativ langen Anlernzeiten den praktischen Einsatz nicht so stark einschränken, wie es erscheinen mag:

- Die im Betrieb ermittelte Kennlinie kann im Prozessrechner abgespeichert werden. Nachdem das Fahrzeug abends abgestellt worden ist, kann am nächsten Morgen mit dem angesammelten Wissen weitergefahren werden.

- Entsprechend der überwiegend gefahrenen Geschwindigkeiten, wird die Kennlinie nur in bestimmten Bereichen benutzt. Damit optimiert sich das aktive System vor allem dort, wo es eingesetzt wird. Ein Anlernen der kompletten Kennlinie, wie hier untersucht, wird im regulären Betrieb nie stattfinden.

- Auch das Problem der Temperaturveränderung infolge von Eigenerwärmung wird verringert. So sind die jahreszeitbedingten Temperaturschwankungen so langsam, dass sich das System gut darauf einstellen kann. Wird ein Fahrzeug z. B. vorwiegend im Kurzstreckenbetrieb eingesetzt, so dass die stationäre Endtemperatur für die Eigenerwärmung zumeist nicht erreicht wird, werden sich andere Steuerkennlinien einstellen als wenn das Fahrzeug immer seine Endtemperatur erreicht.

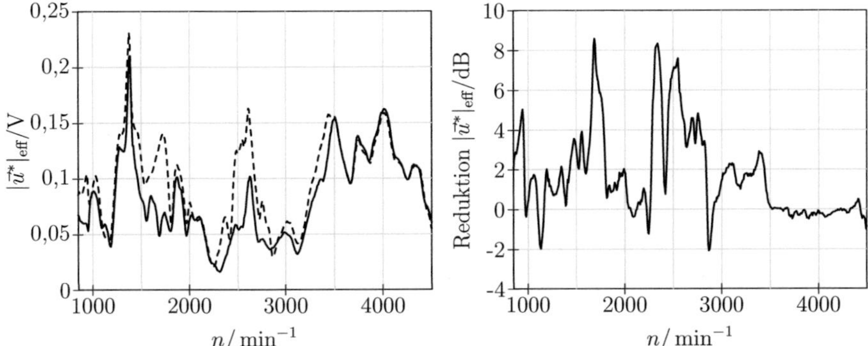

Abbildung 7.7: **Links**: Gemessene Verläufe des aus der zweiten Motorordnung berechneten Gesamteffektivwerts der Mikrofone an den Kopfstützen von Fahrer- bzw. Beifahrersitz sowie hinten links (letzteres mit einer Gewichtung von 40 %) für einen langsamen Motorhochlauf. Die gestrichelte Kurve ergibt sich aus drei gemittelten Hochläufen bei abgeschaltetem Aktor, der durchgezogene Verlauf aus drei gemittelten Hochläufen mit den im Fahrzeug angelernten Steuerkennlinien. **Rechts**: Relative Verringerung des gewichteten Effektivwerts durch Einschalten der Steuerung.

7.4 Direkte Berechnung optimaler Steuergrößen

Vorgehensweise

Zur direkten Berechnung des Aktorstroms mit Gleichung 2.8 müssen die Frequenzgänge zwischen dem Aktorstrom und den Reaktionen an den Bewertungspunkten $G^{AB}_{\nu,o,b}$ für die relevanten Motorordnungen o identifiziert werden. Mit der tatsächlich gestellten Stellgröße $^{i}X_{\nu,o}$ und dem gemessenen Signal $^{i}Y^{B}_{\nu,o,b}$ am Bewertungspunkt kann dann das für Gleichung 2.8 erforderliche Signal $Y^{B}_{\nu,o,b}$ bei ausgeschaltetem Aktor berechnet werden.

Die Online-Identifikation ist schwierig, da die Stellgrößen und die Motorstörungen die gleiche Frequenz aufweisen. Im eingeschwungenen Zustand weisen beide Signale außerdem eine feste Phasenlage auf. Für die Online-Identifikation wurden zwei Verfahren untersucht [66]:

1. Identifikation durch eine zufällige kleine Variation des Aktorstroms in Real- bzw. Imaginärteil und Korrelation der Bewertungspunktsignale mit diesen zufälligen Komponenten.

2. Identifikation durch zusätzliche harmonische Komponenten. Neben der Stellgröße wird ein harmonisches Signal mit der $(1 \pm \varepsilon)$fachen Kreisfrequenz der zweiten Motorordnung ω_2 auf den Aktor gegeben. Durch Korrelation über $N \in \mathbb{N}$ halbe Kurbelwellenumdrehungen mit $\varepsilon N \in \mathbb{N}$ sind diese beiden Identifikationssignale mit der zweiten

Motorordnung wegen

$$\sum_{k=1}^{\frac{2\pi f_s}{\omega_2}N} \cos\frac{\omega_2}{f_s}k\cos\left((1\pm\varepsilon)\frac{\omega_2}{f_s}k\right) = \frac{1}{2}\sum_{k=1}^{\frac{2\pi f_s}{\omega_2}N}\left[\cos\left((2\pm\varepsilon)\frac{\omega_2}{f_s}k\right) + \cos\left(\pm\varepsilon\frac{\omega_2}{f_s}k\right)\right] = 0$$

unkorreliert[6] (f_s: Abtastfrequenz). Entsprechend kann das Übertragungsverhalten bei dem $(1\pm\varepsilon)$fachen der zweiten Motorordnung identifiziert werden. Um das Übertragungsverhalten direkt bei der zweiten Motorordnung zu erhalten, werden beide Messwerte gemittelt. Insbesondere bei steilen Resonanzstellen kann es durch die Mittelwertbildung zu einer Verfälschung kommen. Daher muss ε hinreichend klein gewählt werden (z. B. $\varepsilon = 0{,}01$), wodurch die Identifikationszeit ansteigt.

Insgesamt weist die zweite Vorgehensweise in Simulationen bei etwas höherer Konvergenzgeschwindigkeit kleinere Schätzfehler als der erste Ansatz auf.

Experimentelle Ergebnisse

Die experimentellen Ergebnisse unterscheiden sich nur wenig von denen für die Trial-and-Error-Suche. Tendenziell ergeben sich etwas geringere Einstellzeiten. Allerdings geht von den zur Identifikation verwendeten Signalen eine gewisse Unruhe aus, die in dieser Form beim systematischen Probieren nicht spürbar wird. Mit einer größeren Suchschrittweite ließe sich dort die Konvergenzgeschwindigkeit ebenfalls erhöhen. Gleichzeitig würde dann jedoch auch hier das Probieren stören.

Ein deutlicher Nachteil ist, dass das Verfahren prinzipiell instabil werden kann. Auch ist es denkbar, dass die berechnete Stellgröße durch Schätzfehler nicht optimal ist und das Systemverhalten ggf. sogar verschlechtert. Außerdem führen Störungen (Fahrbahnanregung, Bewegung der Insassen) unweigerlich zu Schätzfehlern und damit falschen Stellgrößen. Beim Trial-and-Error-Ansatz führen solche Störungen lediglich dazu, dass die Erfolgswahrscheinlichkeit auf 0,5 absinkt. Eine ausreichende Mittelwertbildung vorausgesetzt, ist damit zwar keine Verbesserung mehr möglich. Allerdings tritt zumindest auch keine Verschlechterung ein.

Insbesondere auch durch einen erheblich geringeren Rechenaufwand ist das systematische Probieren die zufriedenstellendere Lösung.

7.5 Online-Adaption des virtuellen Fehlersensors

Eine online durchgeführte direkte Berechnung optimaler Fehlersensorwinkel für die jeweils gefahrene Drehzahl analog zu Abschnitt 4.5.2 scheidet wegen des großen Rechenaufwands

---

[6]Implizite Annahme ist, dass $2\pi f_s N/\omega_2$ ganzzahlig ist, d. h. dass die N halben Kurbelwellenumdrehungen gerade eine ganze Anzahl Abtastperioden $T_s = 1/f_s$ dauern. Ist dies nicht exakt erfüllt, ergibt sich ein Fehler, der bei den hier verwendeten relativ großen Werten von $N \geq 50$ und der ausreichend großen Abtastfrequenz $f_s \geq 10\omega_2/(2\pi)$ vernachlässigbar ist.

aus. So müssten für eine vollständige Online-Adaption zunächst die Frequenzgänge zwischen dem Aktorstrom und den Reaktionen an den Bewertungspunkten identifiziert werden. Für eine echte Online-Adaption müssten streng genommen außerdem auch die Frequenzgänge zwischen dem Aktorstrom als Anregung und den drei Signalen des triaxialen Fehlersensors ermittelt werden.

Mit dem gestellten Aktorstrom und den gemessenen Signalen sind die Signale des ungeregelten Systems zu rekonstruieren. Anschließend ist die aufwändige numerische Optimierung der Fehlersensorrichtung über die Minimierung von Gleichung 4.1 (Seite 48) durchzuführen.

Dies ließe sich zwar alles unter Einsatz eines Echtzeitbetriebssystems auf dem Prozessrechner mit niedriger Priorität parallel zur eigentlichen Schwingungskompensation ausführen. Jedoch bleibt der Aufwand unverhältnismäßig groß.

Das Trial-and-Error-Suchverfahren ließe sich in gleicher Form auch zur Adaption der Kennlinien des virtuellen Fehlersensors verwenden. Mit den obigen Methoden lassen sich Erfolgswahrscheinlichkeiten berechnen, die etwa in der gleichen Größenordnung wie für die kennlinienbasierte Steuerung liegen. Während die Online-Adaption in der Simulation funktioniert, kann im Experiment keine Verbesserung festgestellt werden.

Eine Ursache ist die zu geringe Adaptionsgeschwindigkeit des adaptiven Filters. Zwar lässt sich die Ausrichtung des Fehlersensors schnell ändern. Die Stellgröße bleibt jedoch solange unverändert, bis sich das Filter an das neue Fehlersensorsignal adaptiert hat. Da die nötigen Veränderungen zumeist sehr klein sind, dauert dies u. U. sehr lange.

Für den praktischen Serieneinsatz hat die sukzessive Optimierung jedoch zwei ganz entscheidende Nachteile:

1. Durch die hohe Parametersensitivität der Zielfunktion liegen eine „sehr gute" und eine „sehr schlechte" Ausrichtung mitunter dicht beieinander (Abschnitt 4.3). Entsprechend kann eine ungünstige Suchrichtung das Fahrzeugverhalten kurzfristig deutlich verschlechtern.

2. Die Auslegung des adaptiven Filters erfordert immer einen Kompromiss zwischen sicherer Stabilität und erzielbarer Konvergenzgeschwindigkeit. Die maximal zulässige Schrittweite ist dabei von der Übertragungsfunktion zwischen der Stellgröße und dem Fehlersensorsignal abhängig. Durch das testweise Verdrehen des Fehlersensors bei einer Trial-and-Error-Suche ändert sich diese Übertragungsfunktion ständig. Die Schrittweite muss daher so klein sein, dass sie für *alle* möglichen Fehlersensorrichtungen Stabilität gewährleistet. Zum einen wird die praktische Festlegung der Schrittweite dadurch ausgesprochen kompliziert. Zum anderen wird diese Worst-Case-Auslegung die Adaptionsgeschwindigkeit des Filters für unkritische Richtungen deutlich vergrößern.

Weiterhin benötigt ein vollständig adaptives System mit virtuellem Fehlersensor neben den Sensoren für die Bewertungspunkte immer auch noch den triaxialen Fehlersensor. Somit ist es -abgesehen von einem höheren Rechenaufwand- deutlich aufwändiger als die adaptierte kennlinienbasierte Steuerung.

Insgesamt erscheint die kennlinienbasierte Steuerung damit am besten für eine Online-Adaption geeignet zu sein. Dabei ist die einfache Trial-and-Error-Suche nicht nur am einfachsten zu implementieren. Vielmehr liefert sie auch im Experiment die besten Ergebnisse und gewährleistet im statistischen Mittel eine Verbesserung der Kennlinien. Durch den unmittelbaren Bezug zum Verhalten an den Bewertungspunkten im Innenraum stellt sie eine Alternative zu den Systemen mit einem Fehlersensor in Aktornähe dar.

Kapitel 8

Zusammenfassung

In dieser Arbeit wurden Methoden zur Optimierung von Systemen zur aktiven Schwingungskompensation und zum vereinfachten Einbau in das Fahrzeug entwickelt und untersucht. Dabei sollte der Messaufwand so gering wie möglich sein. Als Steuergerät wurde zunächst eine übliche fehlersensorbasierte Lösung angenommen. Diese basiert vom Prinzip her darauf, den *einen* Aktor so anzusteuern, dass dieser mit seiner Aktorkraft die Bewegung eines uniaxialen Fehlersensors durch die Motoranregung kompensiert. Das zumeist im Motorraum gemessene Fehlersensorsignal dient als Ersatzmessgröße für das eigentlich zu optimierende Verhalten an den Bewertungspunkten im Innenraum. Wie sich in dieser Arbeit zeigte, ist diese Struktur jedoch nicht immer optimal, so dass Erweiterungen und Alternativen entwickelt wurden.

Die Optimierung des aktiven Systems erfolgt an Hand eines zugrundegelegten Bewertungskriteriums. In der Absicht, den subjektiven Eindruck des Fahrers mathematisch zu beschreiben, wird hier ein quadratisches Bewertungskriterium verwendet. Dieses erfasst das Verhalten an ausgewählten Bewertungspunkten im Innenraum.

Für jede Motordrehzahl kann die für dieses Kriterium jeweils optimale Stellgröße ermittelt werden. Durch sie ergibt sich ein objektiver Vergleichsmaßstab für das zu optimierende System. Für eine Realisierung im Experiment wurden diese optimalen Stellgrößen in Kennlinien abgelegt. Mit ihnen lässt sich als Alternative zum fehlersensorbasierten System eine sensorlose kurbelwellensynchrone Steuerung realisieren.

Auf der Grundlage des Bewertungskriteriums für das Verhalten im Innenraum können ein optimaler Aktorort sowie für das System mit Fehlersensor auch ein optimaler Sensorort ermittelt werden. Dabei ist die Wahl des Aktorortes mangels Bauraum auf wenige Stellen im Fahrzeug beschränkt. Neben den Orten sind weiterhin auch die räumlichen Ausrichtungen von Aktor und Fehlersensor zu optimieren.

In dieser Arbeit wurden Methoden entwickelt, mit denen die beste Aktorausrichtung für die optimale Steuerung ermittelt werden kann. Durch die von der Aktorausrichtung abhängige Rückwirkung der Aktormasse gelingt dies für das fehlersensorbasierte Steuergerät nicht direkt. Jedoch kann die für die optimale Steuerung beste Aktorausrichtung für das fehlersensorbasierte System übernommen werden. Liegt die Aktorausrichtung fest, kann die Ausrichtung des uniaxialen Fehlersensors mit den hier entwickelten Methoden optimiert werden.

Außerdem können so verschiedene Kombinationen von Aktor- und Fehlersensorort untersucht werden. Dabei hat sich am Testfahrzeug gezeigt, dass ein in Aktornähe montierter Fehlersensor zumeist am besten geeignet ist.

Die so berechneten und die im Fahrzeug anschließend gemessenen Verbesserungen durch das Einschalten des Aktors stimmen gut überein. Allerdings ist das sensorbasierte System trotz optimal ausgerichteten uniaxialen Fehlersensors mitunter deutlich schlechter als die optimale Steuerung. In diesem Fall kann mit dem hier entwickelten, neuartigen Ansatz des drehzahlabhängig ausgerichteten Fehlersensors (sog. *virtueller* Fehlersensor) ein Verhalten erzielt werden, das dem der optimalen Steuerung sehr nahe kommt. Eine Analyse der Funktionsweise dieses Systems führte dabei zur Entwicklung eines neuen Verfahrens, mit dem schnell parameterunempfindliche Ausrichtungskennlinien ermittelt werden können.

In dieser Arbeit wird weiterhin erstmals der Einfluss der Fahrzeugtemperatur auf die Vibrationseigenschaften des Fahrzeugs und das aktive System untersucht. Dabei zeigt sich teilweise eine deutliche Temperaturabhängigkeit der Motoranregung und der Frequenzgänge zwischen dem Aktorstrom und den Reaktionen im Innenraum. Dennoch weisen das System mit virtuellem Fehlersensor und die kennlinienbasierte kurbelwellensynchrone Steuerung eine akzeptable Temperaturstabilität auf. Der virtuelle Fehlersensor erreicht diese jedoch erst durch die oben beschriebenen parameterunempfindlichen Ausrichtungskennlinien.

Als konkurrierender Ansatz zum fehlersensorbasierten System wird schließlich die Online-Adaption der Kennlinien der Steuerung untersucht. Dazu werden die Steuerkennlinien mit einer einfachen Optimierungsstrategie sukzessive an das Verhalten an den zu beruhigenden Bewertungspunkten im Innenraum angepasst. Damit werden die Störungen im Innenraum -und nicht wie beim fehlersensorbasierten System eine Ersatzmessgröße im Motorraum- zur Adaption verwendet. Mit einer hier entwickelten neuen Adaptionsstrategie können die Steuerkennlinien in vertretbarer Zeit angelernt werden.

Die am Versuchsfahrzeug festgestellten Möglichkeiten und Eigenschaften der einzelnen Methoden fasst Tabelle 8.1 zusammen. Bei der Auslegung eines Systems zur aktiven Schwingungskompensation sollte die sich direkt auf die Bewertungspunkte adaptierende kennlinienbasierte Steuerung als Alternative mit einbezogen werden.

Die Bewertung des tatsächlichen Fahrzeugverhaltens muss in letzter Instanz immer subjektiv im Experiment erfolgen. Nur so können mögliche ungewollte Verschlechterungen an unberücksichtigten Stellen im Fahrzeug erkannt werden. Da bisher keine Untersuchungen zu dem Verhalten verschiedener baugleicher Fahrzeuge bekannt sind, ist es vor einem Serieneinsatz notwendig, die gefundene Auslegung in mehreren baugleichen Fahrzeugen zu prüfen.

Aspekt	Einfluss
Wahl des Aktorortes	Sowohl für die optimale Steuerung als auch für ein System mit Fehlersensor ist der Gewinn zumeist gering ($< 1\,\mathrm{dB}$).
Optimierung der Aktorausrichtung	Je nach Aktorort lässt sich für die optimale Steuerung im Mittel eine Verbesserung von $1 - 4\,\mathrm{dB}$ gegenüber einem nicht optimierten, direkt angeschraubten Aktor erzielen. Für das fehlersensorbasierte System scheitert die mathematische Optimierung an der ausrichtungsabhängigen Rückwirkung der Aktormasse. Hier ist die optimale Ausrichtung für die optimale Steuerung zu verwenden.
Wahl des Fehlersensorortes	Bei ungeeigneter Wahl ergeben sich u. U. deutliche Verschlechterungen ($> 10\,\mathrm{dB}$) durch das Einschalten des Aktors. Zumeist ist der Aktorort der beste Fehlersensorort
Optimierung der Fehlersensorrichtung	Wegen teilweise großer Verschlechterungen bei einzelnen Drehzahlen gegenüber dem ungeregelten System bei ungünstiger Ausrichtung ist eine Optimierung der Ausrichtung dringend erforderlich. Trotzdem ist die Lösung bei einzelnen Drehzahlen möglicherweise um bis zu $10\,\mathrm{dB}$ schlechter als die optimale Steuerung.
Einsatz eines virtuellen Fehlersensors	Der virtuelle Fehlersensor erreicht als Erweiterung des fehlersensorbasierten Systems zumeist das Verhalten der optimalen Steuerung. Mit den hier beschriebenen Verfahren lassen sich parameterstabile Ausrichtungskennlinien mit geringer Temperaturempfindlichkeit ermitteln. Eine Online-Adaption dieser Kennlinien ist jedoch sehr aufwändig.
Einsatz einer kurbelwellensynchronen Steuerung	Bei der direkten Beruhigung der Bewertungspunkte im Innenraum lässt sich auch im Experiment bei einzelnen Drehzahlen eine deutliche Verbesserung von bis zu $10\,\mathrm{dB}$ durch das Einschalten des Aktors erzielen. Die Temperaturempfindlichkeit ist vergleichbar mit einem virtuellen Fehlersensor, der technische Aufwand geringer. Die Online-Adaption der Steuerkennlinien im Fahrzeug gelingt im Experiment bei geringem Rechenaufwand gut. So kann sich das System direkt zur Optimierung des Verhaltens an komfortrelevanten Stellen im Innenraum adaptieren.

Tabelle 8.1: Methoden zur Optimierung eines Systems zur aktiven Schwingungskompensation mit ihren Möglichkeiten und Eigenschaften.

Literaturverzeichnis

[1]   *British Standard Guide to Measurement and Evaluation of Human Exposure to Whole-Body Mechanical Vibration and Repeated Shock, BS 6841*. British Standards Institution. 1987

[2]   AHN, Y. K.; AHMADIAN, M.; MORISHITA, S.: On the Design and Development of a Magneto-Rheological Mount. In: *Vehicle System Dynamics* 32 (1999), Nr. 2-3, S. 199–216

[3]   ALT, N.; WOLFF, K.; VAN DEN EIJKEL, P.: Idle Comfort of Passenger Cars. In: *Proceedings of the 1999 Noise and Vibration Conference* Bd. 2. Traverse City, 17.-20. Mai 1999, S. 1197–1202

[4]   BÄCK, T.: *Evolutionary Algorithms in Theory and Practice*. Oxford University Press, 1996

[5]   BÄCK, T.; HAMMEL, U.; SCHWEFEL, H.-P.: Evolutionary Computation: Comments on the History and Current State. In: *IEEE Transactions on Evolutionary Computation* 1 (1997), 4, Nr. 1, S. 3–17

[6]   BÄCK, T.; SCHWEFEL, H.-P.: An Overview of Evolutionary Algorithms for Parameter Optimization. In: *Evolutionary Computation* 1 (1993), Nr. 1, S. 1–23

[7]   BAEK, K. H.; ELLIOTT, S. J.: Natural Algorithms for Choosing Source Locations in Active Control Systems. In: *Journal of Sound and Vibration* 186 (1995), Nr. 2, S. 245–267

[8]   BAMBERG, G.; COENENBERG, A. G.: *Betriebswirtschaftliche Entscheidungslehre*. 11. Verlag Vahlen, 2002

[9]   BENZARIA, E.; MARTIN, V.: Secondary Source Locations in Active Noise Control: Selection or Optimization. In: *Journal of Sound and Vibration* 173 (1994), Nr. 1, S. 137–144

[10] BENZARIA, E.; MARTIN, V.: Constrained Optimization of Secondary Source Locations: Multipolar Source Arrangements. In: SOMMERFELDT, S. (Hrsg.); HAMADA, H. (Hrsg.): *Proceedings of Actice 95: The 1995 International Symposium on Active Control of Sound and Vibration*, 1995, S. 499–510

[11] BJARNASON, E.: Analysis of the Filtered-X LMS Algorithm. In: *1993 IEEE International Conference on Acoustics, Speech, and Signal Processing, ICASSP-93* Bd. 3. Mineapolis, April 1993, S. 511–514

[12] BOARDMAN, A. J.; PADDAN, G. S.: Estimation of Occupied Seat Vibration Transfer Functions. In: *Human Factors in 2000: Driving, Lighting, Seating Comfort, and Harmony in Vehicle Systems* Bd. SP-1539. 2000, S. 219–224

[13] BOUCHER, C. C.; ELLIOTT, S. J.; NELSON, P.A.: Effect of Errors in the Plant Model on the Performance of Algorithms for Adaptive Feedforward Control. In: *Radar and Signal Processing, IEE Proceedings F* 138 (1991), August, Nr. 4, S. 313–319

[14] BROMMUNDT, E.; SACHS, G.: *Technische Meschanik: Eine Einführung.* 2. Springer-Verlag, 1991

[15] BRONSTEIN, I. N.; SEMDJAJEW, K. A.: *Taschenbuch der Mathematik.* 24. BSB B.G. Teubner, Leipzig, 1989

[16] CALLOW, G. D.; HEDGES, R.: *The Subjective Response of Occupants to the Noise Inside Vehicles.* The Motor Industry Research Association, 1979

[17] CHOI, J. W.; PARK, U. S.; LEE, S. B.: Measures of Modal Controllability and Observability in Balanced Coordinates for Optimal Placement of Sensors/Actuators: a Flexible Structure Application. In: VARADAN, V. V. (Hrsg.): *Smart Structures and Materials 2000 - Mathematics and Control in Smart Structures.* Newport Beach, 6.-9. März 2000 (SPIE Proceedings Series, Bd. 3984), S. 425–436

[18] CHOI, S.-B.; ; SONG, H.-J.: Vibration Control of a Passenger Vehicle Utilizing a Semi-Active ER Engine Mount. In: *Vehicle System Dynamics* 37 (2002), Nr. 3, S. 193–216

[19] COLEMAN, T.; BRANCH, M. A.; GRACE, A.: *Optimization Toolbox User's Guide.* 2. The MathWorks Inc., 1999

[20] DE DIEGO, M.; GONZALEZ, A.; PINERO, G. [u. a.]: Subjective Evaluation Of Actively Controlled Interior Car Noise. In: *IEEE International Conference on Acoustics, Speech, and Signal Processing, 2001: Proceedings. (ICASSP '01). 2001* Bd. 5. Salt Lake City, USA, 7.-11. Mai 2001, S. 3225–3228

[21] DE FONSECA, P.; SAS, P.; VAN BRUSSEL, H.: Optimization Methods for Choosing Sensor and Actuator Locations in an Actively Controlled Double-Panel Partition. In: REGELBRUGGE, M. E. (Hrsg.): *Proceedings of SPIE: Smart Structures and Materials* (Bd. 3041), 1997 (SPIE Proceedings Series, Bd. 3041), S. 124–135

[22] ELLIOTT, S.; STOTHERS, I.; NELSON, P.: A Multiple Error LMS Algorithm and Its Application to the Active Control of Sound and Vibration. In: *IEEE Transactions on Acoustics, Speech, and Signal Processing* 35 (1980), Oktober, Nr. 10, S. 1423–1434

[23] ELLIOTT, S. J.; NELSON, P. A.: Active Noise Control. In: *IEEE Signal Processing Magazine* 10 (1993), Oktober, Nr. 4, S. 12–35

[24] FAHY, F. J.: Statistical Energy Analysis: a Critical Overview. In: KEANE, A. J. (Hrsg.) ; PRICE, W. G. (Hrsg.): *Statistical Energy Analysis: An Overview, with Applications in Structural Dynamics.* Cambridge University Press, 1997, S. 1–18

[25] FAIRLEY, T. E. ; GRIFFIN, M. J.: Predicting the Discomfort Caused by Simultaneous Vertical and Fore-and-Aft Whole-Body Vibration. In: *Journal of Sound and Vibration* 124 (1988), Nr. 1, S. 141–156

[26] FEINTUCH, P. L. ; BERSHAD, N. J. ; LO, A.K.: A Frequency Domain Model for 'Filtered' LMS Algorithms-Stability Analysis, Design, and Elimination of the Training Mode. In: *IEEE Transactions on Signal Processing* 41 (1993), Nr. 4, S. 1518–1531

[27] FISCHER, M. ; NELLES, O. ; ISERMANN, R.: Adaptive Predictive Control Based on Local Linear Fuzzy Models. In: *System Identification (SYSID '97)* Bd. 2. Kitakyushu, Fukuoka, Japan, 1997, S. 819–824

[28] FISH, D. G.: The Objective Measurement of Perceived Noise Quality in Vehicles. In: *2nd International Conference on Vehicle Comfort and Ergonomics* Bd. 2. Bologna, 14.-16. Oktober 1992, S. 1009–1019

[29] FLEMING, D. B. ; GRIFFIN, M. J.: A Study of the Subjective Equivalence of Noise and Whole-Body Vibration. In: *Journal of Sound and Vibration* 42 (1975), Nr. 4, S. 453–461

[30] FÖLLINGER, O.: *Regelungstechnik.* 7. Hüthig, 1992

[31] FÖLLINGER, O.: *Optimale Regelung und Steuerung.* 3. Oldenbourg, 1994

[32] FREUDENBERG, T. M. ; BARTH, T. ; SCHILLING, H.: Akustisch aktives Motorlager. In: *Kautschuk und Gummi Kunstoffe* 44 (1991), Nr. 1, S. 80–82

[33] FROHNE, H. ; UECKERT, E.: *Grundlagen der elektrischen Messtechnik.* Stuttgart : Teubner Verlag, 1984

[34] GARDNER, F. M.: *Phaselock Techniques.* 2. John Wiley & Sons, 1979

[35] GENNESSEAUX, A.: A New Generation of Engine Mounts, SAE Paper #951296. In: *Proceedings of the 1995 Noise and Vibration Conference* Bd. 1, 1995, S. 511–518

[36] GERTH, H. ; HAASE, H.: Einsatz eines virtuellen Fehlersensors zur aktiven Schwingungskompensation. In: BECKER, W.-J. (Hrsg.) ; HOLZAPFEL, W. (Hrsg.): *XIV. Messtechnisches Symposium des Arbeitskreises der Hochschullehrer für Messtechnik.* Kassel, 2002, S. 13–23

[37] GERTH, H. ; MESCHKE, J. *Virtueller Fehlersensor für vibroakustische Regelsysteme.* Erfindungsmeldung 2002/0585 der Volkswagen AG. September 2002

[38] GLASBERG, R.: *Entwurf nichtlinearer adaptiver Filter für den Einsatz in der aktiven Lärmbekämpfung.* VDI-Fortschrittsberichte, 2000 (Reihe 21: Elektrotechnik Nr. 294)

[39] GORP, J. van ; ROLAIN, Y.: An Interpolation Technique for Learning with Sparse Data. In: SMITH, R. (Hrsg.): *12th IFAC Symposium on System Identification* Bd. 1, Pergamon, Juni 2000, S. 73–78

[40] GRADSHTEYN, I. S. ; RYZHIK, I. M. ; JEFFREY, A. (Hrsg.) ; ZWILLINGER, D. (Hrsg.): *Table of Integrals, Series and Products.* 6. Academic Press, 2000

[41] GRIFFIN, M. J.: A Study of the Subjective Equivalence of Sinusoidal and Random Whole-Body Vibration. In: *Proceedings of a meeting held at The Institute of Sound and Vibration Research.* University of Southampton, 18.-19. September 1975, S. 57–64

[42] GRIFFIN, M. J.: *Handbook of Human Vibration.* Academic Press, 1990

[43] GRIFFIN, M. J.: Human Response to Vehicle Ride. In: *2nd International Conference on Vehicle Comfort and Ergonomics* Bd. 1. Bologna, 14.-16. Oktober 1992, S. 35–44

[44] HAASE, H. ; GARBE, H.: *Elektrotechnik: Theorie und Grundlagen.* Springer, 1998

[45] HAFNER, M. ; SCHÜLER, M. ; NELLES, O. ; ISERMANN, R.: Fast Neural Networks for Diesel Engine Control Design. In: *Control Engineering Practice* 8 (2000), Nr. 11, S. 1211–1221

[46] HAGEDORN, P.: *Technische Schwingungslehre.* Bd. 2: Lineare Schwingungen kontinuierlicher Systeme. Springer-Verlag, 1989

[47] HAGINO, Y. ; FURUISHI, Y. ; MAKIGAWA, Y. [u. a.]. *Active Control for Body Vibration of F. W.D. Car.* SAE Technical Paper Series, Nr. 860552. 1986

[48] HART, J. F. [u. a.]: *Computer Approximations.* John Wiley & Sons, 1968

[49] HARTUNG, J. ; ELPELT, B.: *Multivariate Statistik.* 2. Oldenbourg Verlag, 1986

[50] HARTWIG, C. ; HAASE, H. ; HOFMANN, M. ; KARKOSCH, H.-J.: Electromagnetic Actuators for Active Engine Vibration Control. In: BORGMANN, H. (Hrsg.): *Actuator 2000, 7th International Conference on New Actuators & International Exhibition on Smart Actuators and Drive Systems, Conference Proceedings.* Bremen, 19. und 21. Juni 2000, S. 326–329

[51] HARTWIG, Christoph: *Magnetdynamischer Linear-Aktor.* VDI-Fortschrittsberichte, 2003 (Reihe 21: Elektrotechnik Nr. 355)

[52] HEIMANN, B. ; GERTH, W. ; POPP, K.: *Mechatronik: eine Einführung in die Komponenten zur Synthese und die Methoden zur Analyse mechatronischer Systeme.* Carl Hanser Verlag, 1998

[53] HIRAMATSU, K. ; GRIFFIN, M. J.: Predicting the Subjective Response to Nonsteady Vibration Based on the Summation of Subjective Magnitude. In: *The Journal of the Acoustical Society of America* 76 (1984), Nr. 4, S. 1080–1089

[54] HÖHN, O.: *Untersuchungen zu Adaptionsmechanismen für einen virtuellen Fehlersensor zur aktiven Schwingungskompensation in Kraftfahrzeugen*, Diplomarbeit am Institut für Grundlagen der Elektrotechnik und Messtechnik, Universität Hannover, unveröffentlicht, 2003

[55] HÜBLER, O.: *Ökonometrie*. Gustav Fischer Verlag, 1989

[56] INGHAM, R.; OTTO, N.; McCOLLUM, T.: Sound Quality Metric for Diesel Engines. In: *Proceedings of the 1999 Noise and Vibration Conference* Bd. 2. Traverse City, 17.-20. Mai 1999, S. 1295–1299

[57] ISERMANN, R.: *Identifikation dynamischer Systeme*. Bd. 1. 1. Springer-Verlag, 1988

[58] ISERMANN, R.; MÜLLER, N.: Nonlinear Identification and Adaptive Control of Combustion Engines. In: BITTANTI, S. (Hrsg.): *IFAC Workshop on Adaptation and Learning in Control and Signal Processing*. Cernobbio-Como : Pergamon, August 2001, S. 1–12

[59] JEE, S. H.; BIRKETT, C.; TSOI, B.: Passenger Car Interior Noise Reduction. In: CHALUPNÍK, J. D. (Hrsg.): *Proceedings of NOISE-CON 96 - the 1996 National Conference on Noise Control Engineering* Bd. 1. Washington, 29. September-2. Oktober 1996, S. 223–227

[60] JUDGE, G. G.; HILL, R. C.; GRIFFITHS, W. E. [u. a.]: *Introduction to the Theory and Practice of Econometrics*. 2. John Wiley & Sons, 1988

[61] KAJIKAWA, Y.; NOMURA, Y.: Active Noise Control System Without Secondary Path Model. In: *ISCAS 2000 - The 2000 IEEE International Symposium on Circuits and Systems* Bd. 4. Genf, 28.-31. Mai 2000, S. 349–352

[62] KATSIKAS, S. K.; TSAHALIS, D.; MANOLAS, D.; XANTHAKIS, S.: A Genetic Algorithm for Active Noise Control Actuator Positioning. In: *Mechanical Systems and Signal Processing* 9 (1995), Nr. 6, S. 697–705

[63] KEHOE, M. W.; SNYDER, H. T.: Thermoelastic Vibration Test Techniques. In: *Proceedings of the 9th International Modal Analysis Conference* Bd. 2. Florenz, 15.-18. April 1991, S. 1473–1484

[64] KIM, Y.; JUNKINS, J. L.: Measure of Controllability for Actuator Placement. In: *Journal of Guidance, Control, and Dynamics* 14 (1991), Nr. 5, S. 895–902

[65] KJELLBERG, A.; WIKSTRÖM, B.-O.; DIMBERG, U.: Whole-Body Vibration: Exposure Time and Acute Effects - Experimental Assessment of Discomfort. In: *Ergonomics* 28 (1985), Nr. 3, S. 545–554

[66] KOLBUS, M.: *Untersuchungen zu einer kurbelwellensynchronisierten Aktorsteuerung zur aktiven Schwingungskompensation in Kraftfahrzeugen*, Diplomarbeit am Institut für Grundlagen der Elektrotechnik und Messtechnik, Universität Hannover, unveröffentlicht, 2003

[67] KOMPELLA, M. S. ; BERNHARD, R. J.: Variation of Structural-Acoustic Characteristics of Automotive Vehicles. In: *Noise Control Engineering Journal* 44 (1996), Nr. 2, S. 93–99

[68] KÜNTSCHER, V.: *Kraftfahrzeugmotoren: Auslegung und Konstruktion.* 3. Berlin : Verlag Technik, 1995

[69] LALOR, N.: Are Vehicle Weight Reduction and Acceptably Low Internal Noise Incompatible? In: *3rd International Conference on Vehicle Comfort and Ergonomics.* Bologna, 29.-31. März 1995, S. 1–12

[70] LAN, H. ; ZHANG, Ming ; SER, W.: A Weight-Constrained FxLMS Algorithm for Feedforward Active Noise Control Systems. In: *IEEE Signal Processing Letters* 9 (2002), Nr. 1, S. 1–4

[71] LIN, F. ; ZHANG, L. ; LINK, M.: Optimal Placement of Actuators and Sensors for Vibration Active Control. In: *Proceedings of the 17th International Modal Analysis Conference* Bd. 2. Kissimmee, USA, 8.-11. Februar 1999, S. 1820–1825

[72] LINDGREN, B. W.: *Statistical Theory.* 4. Chapman & Hall, 1993

[73] MAEDA, Y. ; YOSHIDA, T.: An Active Noise Control Without Estimation of Secondary-Path - ANC Using Simultaneous Perturbation. In: DOUGLAS, Scott (Hrsg.): *Proceedings of Active 99: The 1999 International Symposium on Active Control of Sound and Vibration* Bd. 2. Fort Lauderdale, 02.-04. Dezember 1999, S. 985–994

[74] MAGNUS, K. ; POPP, K.: *Leitfäden der angewandten Mathematik und Mechanik.* Bd. 3: *Schwingungen: eine Einführung in die physikalischen Grundlagen und die theoetische Behandlung von Schwingungsproblemen.* 6. Stuttgart : B. G. Teubner, 2002

[75] MONTAZERI, A. ; POSHTAN, J. ; KAHAEI, M.H.: Optimal Placement of Loudspeakers and Microphones in an Enclosure Using Genetic Algorithm. In: *Proceedings of 2003 IEEE Conference on Control Applications* Bd. 1, 2003, S. 135–139

[76] MOOD, A. ; GRAYBILL, F. ; BOES, D.: *Introduction to the Theory of Statistics.* 3. McGraw-Hill, 1973

[77] MOREGGIA, V.: Perspectives for Practical Application of Active Control of Noise and Vibrations in Passenger Cars. In: TAN, C. A. (Hrsg.) ; TZOU, H. S. (Hrsg.) [u. a.]: *Active Control of Vibration and Noise, The 1996 ASME International Mechanical Engineering Congress and Exposition, DE-Vol. 93.* Atlanta, 17.-22. November 1996, S. 9–17

[78] NAKAJI, Y. ; SATOH, S. ; KIMURA, T. [u. a.]: Development of an Active Control Engine Mount. In: *Vehicle System Dynamics* 32 (1999), Nr. 2-3, S. 185–198

[79] NATIONAL SEMICONDUCTOR: *CMOS Logic Databook.* 1988

[80] NAYROLES, B. ; TOUZOT, G. ; VILLON, P.: Using Diffuse Approximation for Optimizing the Location of Antisound Sources. In: *Journal of Sound and Vibration* 171 (1994), Nr. 1, S. 1–21

[81] NEFSKE, D. J.; WOLF, J. A.; HOWELL, L. J.: Structural-Acoustic Finite Element Analysis of the Automobile Passenger Compartment: A Review of Current Practice. In: *Journal of Sound and Vibration* 80 (1982), Nr. 2, S. 247–266

[82] NELDER, J.; MEAD, R.: A Simplex Method for Function Minimization. In: *Computer Journal* 7 (1965), S. 308–313

[83] NELLES, O.: LOLIMOT - Lokale, lineare Modelle zur Identifikation dynamischer Systeme. In: *Automatisierungstechnik* 45 (1997), Nr. 4, S. 163–174

[84] NELLES, O.: *Nonlinear System Identification - From Classical Approaches to Neural Networks and Fuzzy Models.* Springer, 2001

[85] NELLES, O.; HECKER, O.; ISERMANN, R.: Automatische Strukturselektion für Fuzzy-Modelle zur Identifikation nichtlinearer, dynamischer Prozesse. In: *Automatisierungstechnik* 46 (1998), Nr. 6, S. 302–312

[86] NELLES, O.; ISERMANN, R.: Basis Function Networks for Interpolation of Local Linear Models. In: *Proceedings of the 35th Conference on Decision and Control* Bd. 1. Kobe, Dezember 1996

[87] OTTO, N.; SIMPSON, R.; WIEDERHOLD, J.: Electric Vehicle Sound Quality, SAE Paper #1999-01-1694. In: *Proceedings of the 1999 Noise and Vibration Conference* Bd. 1. Traverse City, 1999, S. 361–363

[88] PHAM, D. T.; KARABOGA, D.: *Intelligent Optimisation Techniques.* Springer, 2000

[89] PRESS, W. H.; FLANNERY, B. P.; TEUKOLSKY, S. A.; VETTERLING, W. T.: *Numerical Recipes in C: The Art of Scientific Computing.* 2. Cambridge University Press, 1992

[90] RÉNYI, A.: *Hochschultaschenbücher für Mathematik.* Bd. 54: *Wahrscheinlichkeitsrechnung mit einem Anhang über Informationstheorie.* 6. Deutscher Verlag der Wissenschaften, 1979

[91] RONACHER, A. W.; HUSSAIN, M.; BIERMAYER, W.; STÜCKLSCHWAIGER, W.: Evaluating Vehicle Interior Noise Quality Under Transient Driving Conditions. In: *Proceedings of the 1999 Noise and Vibration Conference* Bd. 1. Traverse City, 17.-20. Mai 1999, S. 261–265

[92] RUCKMAN, C. E.; FULLER, C. R.: Optimizing Actuator Locations in Active Noise Control Systems Using Subset Selection. In: *Journal of Sound and Vibration* 186 (1995), Nr. 3, S. 395–406

[93] RUSSELL, M. F.; SEKOWSKI, M.; NIKOKIROULIS, N.: Noise Quality in Small Diesel Engined Vehicles. In: *2nd International Conference on Vehicle Comfort and Ergonomics* Bd. 2. Bologna, 14.-16. Oktober 1992, S. 985–997

[94] SHAFIQUZZAMAN KHAN, M.; JOHANSSON, Ö.; SUNDBÄCK, U.: Development of an Annoyance Index for Heavy-Duty Diesel Engine Noise Using Multivariate Analysis. In: *Noise Control Engineering Journal* 45 (1997), Nr. 4, S. 157–167

[95] SIMPSON, M. T. ; HANSEN, C. H.: Use of Genetic Algorithms to Optimize Vibration Actuator Placement for Active Control of Harmonic Interior Noise in a Cylinder with Floor Structure. In: *Noise Control Engineering Journal* 44 (1996), Nr. 4, S. 169–184

[96] SNYDER, S. D. ; HANSEN, C. H.: *Active Control of Noise and Vibration*

[97] SNYDER, S. D. ; HANSEN, C. H.: The Effect of Transfer Function Estimation Errors on the Filtered-X LMS Algorithm. In: *IEEE Transactions on Signal Processing* 42 (1994), April, Nr. 4, S. 950–953

[98] STÖBENER, U. ; GAUL, L.: Aktive Schwingungs- und Geräuschreduzierung an einer Autokarosserie. In: *Experimentelle und rechnerische Modalanalyse sowie Identifikation dynamischer Systeme, VDI-Schwingungstagung 2000*. Kassel, 14. und 15. Juni 2000. – VDI Berichte Bd. 1550, S. 229–248

[99] SVARICEK, F. ; BOHN, C. ; KARKOSCH, H.-J. ; HÄRTEL, V.: Aktive Schwingungskompensation im Kfz aus regelungstechnischer Sicht. In: *Automatisierungstechnik* 49 (2001), Nr. 6, S. 249–259

[100] SZABÓ, I.: *Einführung in die Technische Mechanik*. 8. 1975

[101] TANG, S. H. ; ONG, P. P.: The Effect of Temperature on the Sound Absorption of Fibrous Materials. In: *Journal of Sound and Vibration* 117 (1987), Nr. 2, S. 407–409

[102] TERAZAWA, N. ; KOZAWA, Y. ; SHUKU, T.: Objective Evaluation of Exciting Engine Sound in Passenger Compartment During Acceleration. In: *Human Factors in 2000: Driving, Lighting, Seating Comfort, and Harmony in Vehicle Systems* Bd. SP-1539. 2000, S. 85–93

[103] WOOD, L. A. ; JOACHIM, C. A.: Variability of Interior Noise Levels in Passenger Cars. In: *Vehicle Noise and Vibration* Bd. 1984-5, IMechE, 1984, S. 197–206

[104] WOOD, L. A. ; JOACHIM, C. A. *Scatter of Structureborne Noise in Four Cylinder Motor Vehicles*. SAE Paper Nr. 860431. 1986

[105] WOOD, L. A. ; JOACHIM, C. A.: Interior noise Scatter in Four-Cylinder Sedans and Wagons. In: *International Journal of Vehicle Design* 8 (1987), S. 428–438

[106] WOON, C. E. ; MITCHELL, L. D.: Temperature-Induced Variations in Structural Dynamic Characteristics II: Analytical. In: TOMASINI, E. P. (Hrsg.): *Second International Conference on Vibration Measurements by Laser Techniques: Advances and Applications*. Ancona, Italien, 23.-25. September 1996 (SPIE Proceedings Series, Bd. 2868), S. 58–70

[107] WYCKAERT, K. ; TONIATO, G. ; XU, K. Q.: Low- and Mid-Frequency FRF Based Modeling of Engine Subframe and Car Body Interaction for Vibratory and Acoustical Response Evaluation. In: HANSEN, C. H. (Hrsg.) ; VOKALEK, G. (Hrsg.): *Fifth International Congress on Sound and Vibration*, 1997, S. 2465–2475

[108] YAO, X. ; LIU, Y.: Fast Evolution Strategies. In: ANGELINE, P. J. (Hrsg.) ; REYNOLDS, R. G. (Hrsg.) ; MCDONNELL, J. R. (Hrsg.) ; EBERHART, R. (Hrsg.): *Evolutionary Programming VI: 6th International Conference* Bd. 1213. Indianapolis, 4 1997, S. 151–161

[109] YU, Y. ; NAGANATHAN, N. G. ; DUKKIPATI, R. V.: A Literature Review of Automotive Vehicle Engine Mounting Systems. In: *Mechanism and Machine Theory* 36 (2001), Nr. 1, S. 123–142

[110] ZWICKER, E. ; FASTL, H.: *Psychoacoustics: Facts and Models.* Springer-Verlag, 1990

Anhang A

Mathematischer Anhang

A.1 Vereinfachte Berechnung der Pseudoinversen für die Kleinste-Quadrate-Schätzung

Im Prinzip ist die Kleinste-Quadrate-Schätzung nach Gleichung 2.2 auf Seite 10 recht einfach, in der konkreten Anwendung ergibt sich jedoch ein immenser Rechenzeit- und Speicherplatzbedarf. Normalerweise hat die Regressormatrix $\mathbf{X}$ die Dimension $N \times L$. Bereits bei $N = 100.000$ Beobachtungen und einer Impulsantwortlänge $L = 450$ ergibt sich eine Matrix mit 45,1 Millionen Elementen und einem Speicherplatzbedarf von ca. 360 MB.

Man kann die Berechnung erheblich beschleunigen und den Speicherplatzbedarf deutlich verringern, wenn man die einzelnen Elemente von $\mathbf{X}^T\mathbf{X}$ rekursiv ermittelt.

Dazu lässt sich Matrix $\mathbf{X}$ als

$$\mathbf{X} = [\mathbf{1} \vdots \mathbf{x}_0 \vdots \mathbf{x}_{-1} \vdots \mathbf{x}_{-L+1}],$$

mit dem Einsvektor $\mathbf{1}$ darstellen. Der Vektor

$$\mathbf{x}_{-i} = [x(-i), x(-i+1), \ldots, x(0), \ldots, x(N-i-1)]^T$$

bezeichnet den um i Abtastschritte verschobenen Vektor $\mathbf{x}_0$ der Messwerte $x(k)$. „Verschiebung" bedeutet dabei, dass die ersten $N - i$ Werte aus $\mathbf{x}_0$ sowie i frühere Messwerte in $\mathbf{x}_{-i}$ eingehen. Mit $\overline{x}_{-i}$ als Mittelwert der Elemente des Vektors $\mathbf{x}_{-i}$ ergibt sich das Matrixprodukt $\mathbf{X}^T\mathbf{X}$ als

$$\mathbf{X}^T\mathbf{X} = \left[\begin{array}{c|cccc} N & N\overline{x}_0 & N\overline{x}_{-1} & \ldots & N\overline{x}_{-L+1} \\ \hline N\overline{x}_0 & \mathbf{x}_0^T\mathbf{x}_0 & \mathbf{x}_0^T\mathbf{x}_{-1} & \ldots & \mathbf{x}_0^T\mathbf{x}_{-L+1} \\ N\overline{x}_{-1} & \mathbf{x}_{-1}^T\mathbf{x}_0 & \mathbf{x}_{-1}^T\mathbf{x}_{-1} & \ldots & \mathbf{x}_{-1}^T\mathbf{x}_{-L+1} \\ N\overline{x}_{-2} & \mathbf{x}_{-2}^T\mathbf{x}_0 & \mathbf{x}_{-2}^T\mathbf{x}_{-1} & \ldots & \mathbf{x}_{-2}^T\mathbf{x}_{-L+1} \\ \vdots & \vdots & & \ddots & \\ N\overline{x}_{-L+1} & \mathbf{x}_{-L+1}^T\mathbf{x}_0 & \mathbf{x}_{-L+1}^T\mathbf{x}_{-1} & \ldots & \mathbf{x}_{-L+1}^T\mathbf{x}_{-L+1} \end{array}\right] . \tag{A.1}$$

Die Elemente $\mathbf{x}_{-i}^T\mathbf{x}_{-i+1}$ und $\mathbf{x}_{-i-1}^T\mathbf{x}_{-i}$ auf der ersten Nebendiagonalen in der gekennzeichneten Untermatrix unterscheiden sich dabei z. B. nur im ersten bzw. letzten Summanden.

Entsprechend kann man $\mathbf{x}^T_{-i-1}\mathbf{x}_{-i}$ als

$$\mathbf{x}^T_{-i-1}\mathbf{x}_{-i} = \mathbf{x}^T_{-i}\mathbf{x}_{-i+1} - x(N - i - 1)x(N - i) + x(-i - 1)x(-i)$$

berechnen. Gleiches ist für die übrigen Haupt- und Nebendiagonalen der Untermatrix möglich. In ähnlicher Weise unterscheiden sich die Mittelwerte $\overline{x}_{-i-1}$ und $\overline{x}_{-i}$

$$N\overline{x}_{-i-1} = N\overline{x}_{-i} + x(-i - 1) - x(N - i - 1).$$

Damit genügt es, in der gekennzeichneten Untermatrix in Gleichung A.1 für die Haupt- und jede Nebendiagonale nur einen Eintrag explizit zu berechnen. Die weiteren Elemente lassen sich nach obigem Vorgehen schneller rekursiv bestimmen. So reduziert sich der Rechenaufwand für die Untermatrix von L^2 auf $2L - 1$ Multiplikationen von Vektoren mit jeweils N Elementen. Bei einer Länge der Gewichtsfunktion von $L = 450$ ist die Rechenzeitersparnis damit enorm. Zusätzlich lässt sich ausnutzen, dass $\mathbf{X}^T\mathbf{X}$ symmetrisch ist. Entsprechend kann der Rechenaufwand auf L Multiplikationen von N-elementigen Vektoren reduziert werden. In gleicher Form lässt sich auch der Aufwand für die Berechnung der Mittelwerte in der erste Zeile bzw. Spalte von $\mathbf{X}^T\mathbf{X}$ reduzieren.

Ein weiterer Vorteil dieses Vorgehens besteht darin, dass ein vollständiger Aufbau der Matrix $\mathbf{X}$ nicht mehr erforderlich ist. Vielmehr brauchen lediglich einmal alle Messwerte $x(k)$ gespeichert zu werden. Aus diesen werden dann die Vektoren $\mathbf{x}_{-i}$ „herausgeschnitten".

A.2 Fortpflanzung zufälliger Fehler bei beliebiger Aktorausrichtung

Multipliziert man Gleichung 3.7 von Seite 33 aus, ergibt sich der resultierende Frequenzgang G^{AP} aus

$$
G^{AP} = \begin{bmatrix} G^{AP}_{u'}; G^{AP}_{v'}; G^{AP}_{w'} \end{bmatrix}
\begin{bmatrix}
\dfrac{2}{3}\dfrac{\sin\theta'\cos\varphi'}{\sin\gamma} + \dfrac{1}{3}\dfrac{\cos\theta'}{\cos\gamma} \\[2mm]
-\dfrac{1}{3}\dfrac{\sin\theta'\cos\varphi'}{\sin\gamma} + \dfrac{1}{3}\dfrac{\sqrt{3}\sin\theta'\sin\varphi'}{\sin\gamma} + \dfrac{1}{3}\dfrac{\cos\theta'}{\cos\gamma} \\[2mm]
-\dfrac{1}{3}\dfrac{\sin\theta'\cos\varphi'}{\sin\gamma} - \dfrac{1}{3}\dfrac{\sqrt{3}\sin\theta'\sin\varphi'}{\sin\gamma} + \dfrac{1}{3}\dfrac{\cos\theta'}{\cos\gamma}
\end{bmatrix}
$$

$$
=: \begin{bmatrix} G^{AP}_{u'}; G^{AP}_{v'}; G^{AP}_{w'} \end{bmatrix}
\begin{bmatrix} K_{u'} \\ K_{v'} \\ K_{w'} \end{bmatrix}. \tag{A.2}
$$

Mit den störungsbehafteten Einzelfrequenzgängen $\tilde{G}^{AP}_{\xi'} = \dfrac{Y^P_{\xi'}}{U_{\xi'}} = G^{AP}_{\xi'} + \dfrac{H_{\xi'}}{U_{\xi'}}$ erhält man

mit den Reaktionen $Y^P_{\xi'}$, den Störungen $H_{\xi'}$ und den Anregungen in ξ'-Richtung $U_{\xi'}$ den gestörten resultierenden Frequenzgang aus den Messwerten durch Einsetzen:

$$\tilde{G}^{AP} = \begin{bmatrix} \tilde{G}^{AP}_{u'}; \tilde{G}^{AP}_{v'}; \tilde{G}^{AP}_{w'} \end{bmatrix} \begin{bmatrix} K_{u'} \\ K_{v'} \\ K_{w'} \end{bmatrix} = \begin{bmatrix} G^{AP}_{u'} + \frac{H_{u'}}{U_{u'}}; G^{AP}_{v'} + \frac{H_{v'}}{U_{v'}}; G^{AP}_{w'} + \frac{H_{w'}}{U_{w'}} \end{bmatrix} \begin{bmatrix} K_{u'} \\ K_{v'} \\ K_{w'} \end{bmatrix}$$

$$= G^{AP} + \begin{bmatrix} \frac{H_{u'}}{U_{u'}}, \frac{H_{v'}}{U_{v'}}, \frac{H_{w'}}{U_{w'}} \end{bmatrix} \begin{bmatrix} K_{u'} \\ K_{v'} \\ K_{w'} \end{bmatrix}.$$

Entsprechend ergibt sich der Fehler $\Delta G^{AP} = \tilde{G}^{AP} - G^{AP}$ als

$$\Delta G^{AP}(j\omega) = \begin{bmatrix} \frac{H_{u'}}{U_{u'}}, \frac{H_{v'}}{U_{v'}}, \frac{H_{w'}}{U_{w'}} \end{bmatrix} \begin{bmatrix} K_{u'} \\ K_{v'} \\ K_{w'} \end{bmatrix}.$$

Im Folgenden wird angenommen, dass das für die Identifikation der drei einzelnen Frequenzgänge verwendete Signal $U_{\xi'}$ für alle drei Richtungen $\vec{e}_{\xi'}$ gleich $U(j\omega)$ ist. Entsprechend ergibt sich

$$\Delta G^{AP}(j\omega)U(j\omega) = K_{u'}H_{u'} + K_{v'}H_{v'} + K_{w'}H_{w'}. \tag{A.3}$$

Die spektrale Leistungsdichte eines Faltungsproduktes $y = x_D * x_S$ zwischen einer deterministischen Größe $x_D(t)$ und einer stochastischen Größe $x_S(t)$ beträgt $S_{yy}(j\omega) = |X_D(j\omega)|^2 S_{x_S x_S}(j\omega)$ [57, S. 54 ff.]. Dabei bezeichnen $S_{x_S x_S}$ und S_{yy} die Leistungsspektraldichten von x_S bzw. y. Entsprechend weist die linke Seite von Gleichung A.3 die spektrale Leistungsdichte $S_{\Delta G^{AP}}(j\omega)|U(j\omega)|^2$ auf.

Für die rechte Seite von Gleichung A.3 ergibt sich die Leistungsdichte

$$K_{u'}^2 S_{\eta_{u'}\eta_{u'}}(j\omega) + K_{v'}^2 S_{\eta_{v'}\eta_{v'}}(j\omega) + K_{w'}^2 S_{\eta_{w'}\eta_{w'}}(j\omega),$$

weil die Störsignale $\eta_{\zeta'}(t)$ und $\eta_{\xi'}(t)$ als Zeitbereichsfunktionen von $H_{\zeta'}$ bzw. $H_{\xi'}$ für $\xi' \neq \zeta'$ als statistisch unabhängig angenommen werden können.[1]

Da die Messstörung mit gleichen Sensoren gemessen wird, sind die spektralen Leistungsdichten $S_{\eta_{u'}\eta_{u'}}$, $S_{\eta_{v'}\eta_{v'}}$ und $S_{\eta_{w'}\eta_{w'}}$ bei einem stationären Zufallsprozess identisch. Gleichung A.3 geht damit über in

$$S_{\Delta G^{AP}}(j\omega)|U(j\omega)|^2 = [K_{u'}^2 + K_{v'}^2 + K_{w'}^2]S_{\eta\eta}(j\omega).$$

---

[1]Allgemein gilt für die Autokorrelationsfunktion $\varphi_{zz}(\tau)$ eines Signals $z(t) = ax(t) + by(t)$

$$\varphi_{zz}(\tau) = a^2\varphi_{xx}(\tau) + b^2\varphi_{yy}(\tau) + ab\varphi_{xy}(\tau) + ab\varphi_{yx}(\tau).$$

Sind $x(t)$ und $y(t)$ statistisch unabhängig, sind die Kreuzkorrelationen null, so dass

$$\varphi_{zz}(\tau) = a^2\varphi_{xx}(\tau) + b^2\varphi_{yy}(\tau)$$

ist. Für die Leistungsdichte folgt daher

$$S_{zz}(j\omega) = a^2 S_{xx}(j\omega) + b^2 S_{yy}(j\omega).$$

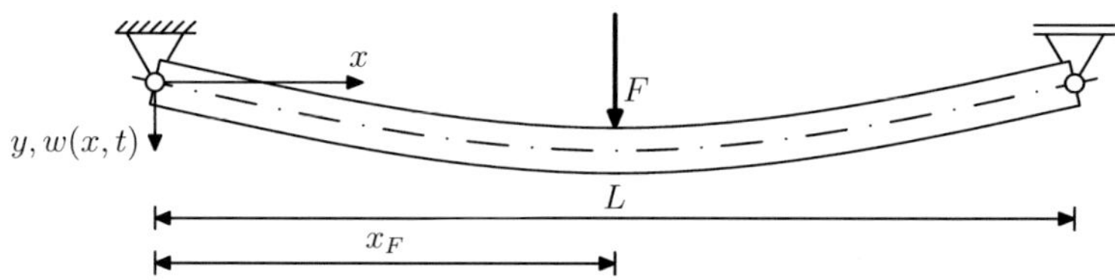

Abbildung A.1: Biegebalken mit beidseitiger gelenkiger Lagerung

Umformen liefert die Leistungsdichte der der gemessenen resultierenden Übertragungsfunktion überlagerten Störung

$$
\begin{aligned}
S_{\Delta G^{AP}} &= \left(K_{u'}^2 + K_{v'}^2 + K_{w'}^2 \right) \frac{S_{\eta\eta}(j\omega)}{|U(j\omega)|^2} \\
&= \left[\frac{-\cos^2\theta' + 3\cos^2\theta'\cos^2\gamma - 2\cos^2\gamma}{3\cos^2\gamma\,(\cos^2\gamma - 1)} \right] \frac{S_{\eta\eta}(j\omega)}{|U(j\omega)|^2} \\
&= \left[\frac{\cos^2\theta'(-1 + \cos^2\gamma) + 2\cos^2\theta'(\cos^2\gamma - 1)}{3\cos^2\gamma\,(\cos^2\gamma - 1)} \right] \frac{S_{\eta\eta}(j\omega)}{|U(j\omega)|^2} \\
&= \left[\frac{1}{3}\left(\frac{\cos^2\theta'}{\cos^2\gamma} \right) + \frac{2}{3}\left(\frac{\sin^2\theta'}{\sin^2\gamma} \right) \right] \frac{S_{\eta\eta}(j\omega)}{|U(j\omega)|^2}.
\end{aligned}
$$

A.3   Modalanalyse des Biegebalken

A.3.1   Impedanz eines Biegebalkens

Es wird ein Biegebalken der Länge L, konstanter Massenbelegung $\mu = \rho A$ sowie konstanter Biegesteifigkeit EI betrachtet (Abbildung A.1). Dieser werde mit einer Kraft $F(t)$ an der Stelle x_F angeregt. Nach der Bernoulli-Euler-Theorie ergibt sich die partielle Differentialgleichung [74, S. 327]

$$
\mu\ddot{w}(x,t) + \alpha\mu\dot{w}(x,t) + \beta EI\dot{w}''''(x,t) + EIw''''(x,t) = F(t)\delta(x - x_F). \tag{A.4}
$$

Dabei beschreiben $\alpha\mu\dot{w}(x,t)$ und $\beta EI\dot{w}''''(x,t)$ die äußere bzw. innere Dämpfung des Systems nach der Bequemlichkeitshypothese. Die rechte Seite berücksichtigt die konzentriert bei $x = x_F$ angreifende Kraft $F(t)$.

Mit dem Separationsansatz $w(x,t) = q(x)\xi(t)$ folgt damit für die homogene Differentialgleichung

$$
\mu q(x)\ddot{\xi}(t) + \alpha\mu q(x)\dot{\xi}(t) + \beta EIq''''(x)\dot{\xi}(t) + EIq''''(x)\xi(t) = 0.
$$

Für

$$
q''''(x) = c^4 q(x) \tag{A.5}
$$

mit $c \in \mathbb{R}$ ergibt sich die ausschließlich zeitabhängige gewöhnliche Differentialgleichung

$$
\mu\ddot{\xi}(t) + \alpha\mu\dot{\xi}(t) + \beta EIc^4\dot{\xi}(t) + EIc^4\xi(t) = 0. \tag{A.6}
$$

Unter Berücksichtigung der Randbedingungen

$$w(0,t) = 0, \quad w(L,t) = 0, \quad w''(0,t) = 0 \quad \text{und} \quad w''(L,t) = 0$$

folgen die Eigenfunktionen aus der allgemeinen Lösung

$$q(x) = d_1 \cos cx + d_2 \sin cx + d_3 \cosh cx + d_4 \sinh cx \tag{A.7}$$

schließlich zu

$$q_k(x) = \hat{q}_k \sin k\frac{\pi x}{L} \quad \text{mit} \quad k \in \mathbb{N}.$$

Eingesetzt in Gleichung A.6 ergibt sich damit für jedes k

$$\ddot{\xi}_k(t) + \underbrace{\left(\alpha + \beta\frac{EI\pi^4 k^4}{\mu L^4}\right)}_{2D_k\omega_k} \dot{\xi}_k(t) + \underbrace{\frac{EI\pi^4 k^4}{\mu L^4}}_{\omega_k^2} \xi_k(t) = 0, \tag{A.8}$$

woraus sich die Zeitabhängigkeit der homogenen Lösung bestimmen lässt.

Für die Berechnung der Impedanz Z_m an der Stelle x_F ist nur die partikuläre Lösung von Gleichung A.4 relevant. Im Zeitbereich folgt sie aus einer Zerlegung von $w(x,t)$ in Eigenfunktionen in der Form

$$w_p(x,t) = \sum_{k=1}^{\infty} q_k(x)\xi_k(t). \tag{A.9}$$

und im Frequenzbereich als

$$W(x) = \sum_{k=1}^{\infty} q_k(x)\Xi_k(j\omega). \tag{A.10}$$

Zur Bestimmung der Modalkoordinaten $\xi_k(t)$ wird $w_p(x,t)$ nach Gleichung A.9 in die partielle Differentialgleichung A.4 eingesetzt. Anschließend wird die gesamte Gleichung mit $q_k(x)$ multipliziert und über den gesamten Biegebalken integriert. Durch die Orthogonalität[2] der Eigenfunktionen

$$\int_0^L q_l(x)q_k(x)\mathrm{d}x = \begin{cases} \dfrac{\hat{q}_k^2}{2}L & \text{für } k = l \\ 0 & \text{für } k \neq l \end{cases}$$

und die Ausblendeigenschaft des Dirac-Impulses ergibt sich die Gleichung zur Bestimmung der modalen Koordinaten $\xi_k(t)$ mit D_k und ω_k aus Gleichung A.8

$$\ddot{\xi}_k(t) + 2D_k\omega_k\dot{\xi}_k(t) + \omega_k^2\xi_k(t) = \frac{2}{L\mu\hat{q}_k^2}F(t)q_k(x_F). \tag{A.11}$$

Im Frequenzbereich berechnet sich die modale Koordinate $\Xi_k(j\omega)$ aus Gleichung A.11 als

$$\Xi_k(j\omega) = \frac{2}{L\mu\hat{q}_k} \cdot \frac{F}{\omega_k^2 - \omega^2 + 2jD_k\omega_k\omega} \sin\frac{k\pi x_F}{L},$$

---

[2]Zum Vorgehen vgl. z. B. [74, S. 328 f.].

und somit die Biegelinie als

$$W(x) = \sum_{k=1}^{\infty} \frac{2}{L\mu} \cdot \frac{F}{\omega_k^2 - \omega^2 + 2jD_k\omega_k\omega} \sin\frac{k\pi x_F}{L} \sin\frac{k\pi x}{L}. \tag{A.12}$$

Damit erhält man schließlich die mechanische Impedanz

$$Z_m = \frac{F(j\omega)}{j\omega W(x_F, j\omega)} = \frac{L\mu}{\displaystyle\sum_{k=1}^{\infty} \frac{j2\omega}{\omega_k^2 - \omega^2 + 2jD_k\omega_k\omega} \sin^2\frac{k\pi x_F}{L}}.$$

Bei Anregung in Balkenmitte ($x_F = L/2$) ergibt sich daraus für $\omega \to 0$ unter Beachtung von
[15, S. 30, Nr. 18.]

$$\sum_{k=1}^{\infty} \frac{1}{(2k-1)^4} = \frac{\pi^4}{96}$$

der Grenzwert

$$\lim_{\omega\to 0} j\omega Z_m = \lim_{\omega\to 0} \frac{F}{W(L/2)} = \frac{L\mu}{\displaystyle\sum_{k=1}^{\infty} \frac{2}{\omega_k^2} \sin^2\left(\frac{k\pi}{2}\right)} = \ldots = \frac{EI\pi^4}{2L^3 \displaystyle\sum_{k=1}^{\infty} \frac{1}{(2k-1)^4}} = \frac{48EI}{L^3}.$$

Dabei handelt es sich um die aus der statischen Biegelinie berechnete Federsteifigkeit des
Biegebalkens bei Belastung in der Balkenmitte [100, S. 115].

A.3.2 Frequenzgang des Biegebalkens

Die Frequenzgänge zwischen der Kraftanregung F an der Stelle x_F und den y-Koordinaten
der Auflagerkräfte im linken bzw. rechten Auflager (F_y^L bzw. F_y^R) ergeben sich mit Gleichung
A.12 zu

$$\begin{aligned}
G_F^L = \frac{F_y^L}{F} &= -\frac{EI}{F}\left.\frac{\mathrm{d}^3 W(x)}{\mathrm{d}x^3}\right|_{x=0} = \frac{2EI}{L\mu} \sum_{k=1}^{\infty} \frac{1}{\omega_k^2 - \omega^2 + 2jD_k\omega_k\omega} \sin\frac{k\pi x_F}{L}\left(\frac{k\pi}{L}\right)^3 \\
&= \frac{2x_F}{L} \sum_{k=1}^{\infty} \frac{1}{\left[1 + 2jD_k\dfrac{\omega}{\omega_k} - \dfrac{\omega^2}{\omega_k^2}\right]} \,\mathrm{si}\left(\frac{k\pi x_F}{L}\right) \tag{A.13}
\end{aligned}$$

bzw.

$$\begin{aligned}
G_F^R = \frac{F_y^R}{F} = \frac{EI}{F}\left.\frac{\mathrm{d}^3 W(x)}{\mathrm{d}x^3}\right|_{x=L} &= -\frac{2EI}{L\mu} \sum_{k=1}^{\infty} \frac{1}{\omega_k^2 - \omega^2 + 2jD_k\omega_k\omega} \sin\frac{k\pi x_F}{L}\left(\frac{k\pi}{L}\right)^3 (-1)^k \\
&= \frac{2x_F}{L} \sum_{k=1}^{\infty} \frac{(-1)^{k-1}}{\left[1 + 2jD_k\dfrac{\omega}{\omega_k} - \dfrac{\omega^2}{\omega_k^2}\right]} \,\mathrm{si}\left(\frac{k\pi x_F}{L}\right). \tag{A.14}
\end{aligned}$$

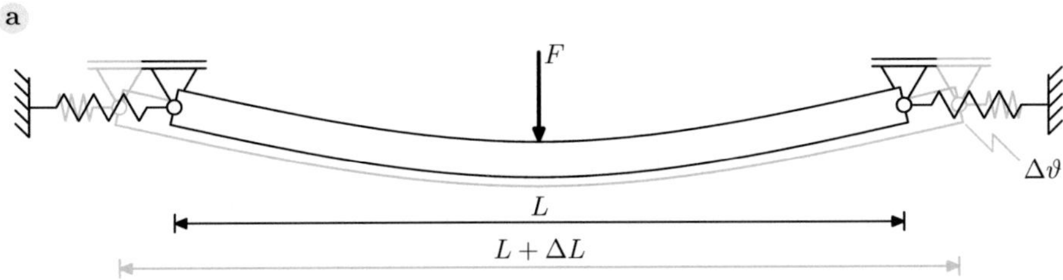

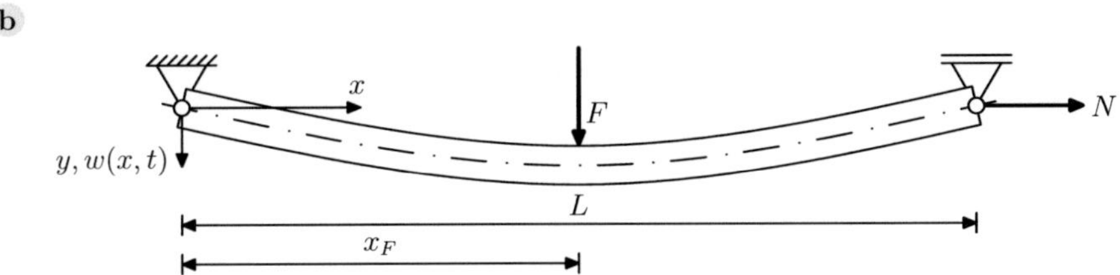

Abbildung A.2: **a**: Biegebalken mit Wärmedehnung bei Erwärmung um $\Delta\vartheta$. Die Federn beschreiben das elastische Verhalten der restlichen Struktur aus der der Balken herausgeschnitten wurde. **b**: Modellierung der Anordnung als vorgespannter Balken mit einer konstanten Längskraft N.

Für $\omega \to 0$ ergeben sich die aus der Statik bekannten Verhältnisse

$$\lim_{\omega \to 0} G_F^L = 1 - \frac{x_F}{L} \qquad \text{und} \qquad \lim_{\omega \to 0} G_F^R = \frac{x_F}{L}$$

zwischen den y-Koordinaten der Auflagerkräfte und der Anregungskraft an der Stelle x_F.[3]

A.4 Auswirkungen von Temperaturspannungen auf das Übertragungsverhalten

Für eine Untersuchung der Auswirkungen von Wärmespannungen auf das dynamische Verhalten wird das sehr einfache Balkenmodell in Abbildung A.2 betrachtet. Die durch die Wärmedehnungen hervorgerufenen Spannungen werden durch eine konstante Längskraft N am rechten Balkenende nachgebildet.

---

[3] Es gilt [40, S. 44]:

$$\sum_{k=1}^{\infty} \frac{\sin kx}{k} = \frac{\pi - x}{2} \qquad \text{für } 0 < x < 2\pi \qquad \text{bzw.} \qquad \sum_{k=1}^{\infty} \frac{(-1)^{k-1} \sin kx}{k} = \frac{x}{2} \qquad \text{für } -\pi < x < \pi.$$

Die Längskraft wird als konstant angenommen und ergibt sich bei gleichmäßiger Erwärmung des homogenen Balkens aus [14, S. 127]

$$\frac{\Delta L}{L} = \varepsilon = \frac{\sigma}{E} + \alpha_\vartheta \Delta\vartheta = \frac{N}{AE} + \alpha_\vartheta \Delta\vartheta, \quad \text{d. h.} \quad N = AE\frac{\Delta L}{L} - AE\alpha_\vartheta \Delta\vartheta.$$

Die Spannungen treten primär durch eine ungleichförmige Erwärmung des Fahrzeugs ein. Durch die Nachgiebigkeit der restlichen Struktur, aus die der betrachtete Balken herausgeschnitten worden ist, wird die Längenänderung ΔL im Bereich

$$0 \leq \frac{\Delta L}{L} \leq \alpha_\vartheta \Delta\vartheta$$

liegen. Im Folgenden wird die Längenänderung als $\kappa\alpha_\vartheta\Delta\vartheta$ mit $0 \leq \kappa \leq 1$ angesetzt. Ein Anhaltswert ist z. B. $\kappa = 0{,}5$, wenn angenommen werden kann, dass der Balken und die restliche Struktur ähnliche Steifigkeiten haben. Somit ergibt sich die durch die Erwärmung verursachte Druckkraft

$$F_\vartheta = -N = (1 - \kappa)AE\alpha_\vartheta\Delta\vartheta.$$

Für einen ungedämpften, homogenen Balken mit konstantem Querschnitt nach Abbildung A.2b, an dem die Längskraft N und die (in der Abbildung nicht eingezeichneten) äußeren Kräfte $q(x,t)$ angreifen, ergibt sich die partielle Differentialgleichung [46, S. 138]

$$\mu\ddot{w}(x,t) + EIw''''(x,t) = Nw''(x,t) + q(x,t).$$

Sie lässt sich mit dem Differentialoperator

$$K = EI\frac{\partial^4}{\partial x^4} - N\frac{\partial^2}{x^2}$$

als

$$\mu\ddot{w}(x,t) + K[w(x,t)] = q(x,t)$$

darstellen. Analog zu [74, S. 327] wird diese Differentialgleichung nach der Bequemlichkeitshypothese um einen Dämpfungsterm mit dem Dämpfungsoperator

$$D = \alpha\mu\frac{\partial}{\partial t} + \beta\frac{\partial K}{\partial t}$$

zu

$$\mu\ddot{w}(x,t) + D[w(x,t)] + K[w(x,t)] = q(x,t)$$

erweitert. Hier ergibt sich speziell

$$D[w(x,t)] = \alpha\mu\dot{w}(x,t) + \beta\left(EI\dot{w}''''(x,t) - N\dot{w}''(x,t)\right).$$

Dabei beschreibt $\alpha\mu\dot{w}(x,t)$ die verteilte äußere Dämpfung und $\beta\left(EI\dot{w}''''(x,t) - N\dot{w}''(x,t)\right)$ die verteilte innere Dämpfung. Diese Strukturdämpfung wird als proportional zur zeitlichen Änderung der elastischen Verformung des Balkens angesetzt. Daher wird im Folgenden angenommen, dass der Faktor β unabhängig von der Längskraft ist.

Mit der äußeren Kraft $F(t)$ an der Stelle x_F ergibt sich

$$\mu\ddot{w}(x,t) + \alpha\mu\dot{w}(x,t) + \beta(EI\dot{w}''''(x,t) - N\dot{w}''(x,t)) + EIw''''(x,t) - Nw''(x,t) = F(t)\delta(x - x_F).$$

Mit dem Separationsansatz $w(x,t) = q(x)\xi(t)$ folgt daraus für die homogene Differentialgleichung

$$\mu q(x)\ddot{\xi}(t) + \alpha\mu q(x)\dot{\xi}(t) + \beta(EIq''''(x) - Nq''(x))\dot{\xi}(t) + (EIq''''(x) - Nq''(x))\xi(t) = 0.$$

Auch hier gelingt die Trennung in die Zeit- und die Ortsabhängigkeit über den Ansatz A.7. Die Bedingung für die Eigenfunktionen lautet nun allerdings $q''(x) = \tilde{d}q$ mit $\tilde{d} \in \mathbb{R}$, so dass sich je nach Vorzeichen von $\tilde{d}$ zwei mögliche allgemeine Lösungen

$$q_1(x) = d_1 \cos cx + d_2 \sin cx \quad \vee \quad q_2(x) = d_3 \cosh cx + d_4 \sinh cx$$

ergeben.

Mit den gleichen Randbedingungen wie in Anhang A.3.1 ergeben sich schließlich dieselben Eigenfunktionen wie dort

$$q_k(x) = \hat{q}_k \sin k\frac{\pi x}{L} \quad \text{mit} \quad k \in \mathbb{N}.$$

Allerdings resultiert aus

$$\ddot{\xi}_k(t) + \left(\alpha + \beta\left[\frac{EIk^4\pi^4}{\mu L^4} + \frac{Nk^2\pi^2}{\mu L^2}\right]\right)\dot{\xi}_k(t) + \left(\frac{EIk^4\pi^4}{\mu L^4} + \frac{Nk^2\pi^2}{\mu L^2}\right)\xi_k(t) = 0$$

ein anderer Zusammenhang zur Bestimmung der Modalkoordinaten $\xi_k(t)$. Die neuen Eigenkreisfrequenzen ω_k^* verkleinern sich durch Druckkraft infolge der Wärmespannungen $F_\vartheta = -N$ entsprechend

$$\omega_k^* = \sqrt{\frac{EIk^4\pi^4}{\mu L^4} + \frac{Nk^2\pi^2}{\mu L^2}} = \frac{k^2\pi^2}{L^2}\sqrt{\frac{EI}{\mu}}\sqrt{1 + \frac{NL^2}{EIk^2\pi^2}} = \omega_k\sqrt{1 + \frac{NL^2}{EIk^2\pi^2}}$$

$$= \omega_k\sqrt{1 - (1 - \kappa)\frac{\alpha_\vartheta AL^2}{Ik^2\pi^2}\Delta\vartheta}.$$

Das neue Dämpfungsmaß

$$D_k^* = \frac{\alpha}{2\omega_k^*} + \frac{\beta\omega_k^*}{2}$$

ist je nach den Parametern α und β kleiner als ohne Längskraft.

Bei der Berechnung der Frequenzgänge zwischen der Anregung und den Auflagerreaktionen ist zu beachten, dass die Längskraft auch die Auflagerreaktionen beeinflusst (Abbildung A.3). Trotzdem ergeben sich nach kurzer Zwischenrechnung mit

$$G_F^L = \frac{F_y^L}{F} = -\frac{EI}{F}\frac{\mathrm{d}^3W(x)}{\mathrm{d}x^3}\bigg|_{x=0} + \frac{N}{F}\frac{\mathrm{d}W(x)}{\mathrm{d}x}\bigg|_{x=0}$$

$$= \frac{2x_F}{L}\sum_{k=1}^{\infty}\frac{1}{\left[1 + 2jD_k^*\dfrac{\omega}{\omega_k^*} - \dfrac{\omega^2}{\omega_k^{*2}}\right]}\,\mathrm{si}\left(\frac{k\pi x_F}{L}\right)$$

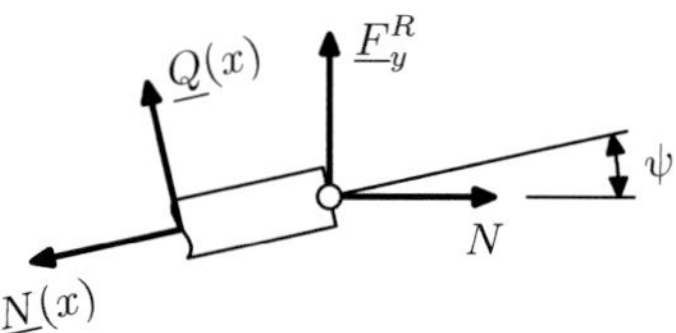

Abbildung A.3: Freikörperbild vom rechten Auflager

bzw.

$$
G_F^R = \frac{F_y^R}{F} = \frac{EI}{F} \left.\frac{\mathrm{d}^3 W(x)}{\mathrm{d}x^3}\right|_{x=L} - \frac{N}{F} \left.\frac{\mathrm{d}W(x)}{\mathrm{d}x}\right|_{x=L}
$$

$$
= \frac{2x_F}{L} \sum_{k=1}^{\infty} \frac{(-1)^{k-1}}{\left[1 + 2jD_k^* \dfrac{\omega}{\omega_k^*} - \dfrac{\omega^2}{\omega_k^{\,2}}\right]} \operatorname{si}\left(\frac{k\pi x_F}{L}\right)
$$

strukturell gleiche Frequenzgänge mit den temperaturabhängigen Parametern ω_k^* bzw. D_k^*. Entsprechend ergeben sich wiederum die aus der Statik bekannten Ergebnisse für den Fall $\omega \to 0$.

Anhang B

Tabellen

	$\bar{n}_k = 849$ min^{-1}						$\bar{n}_k = 1182$ min^{-1}					
	$\Delta_{0,5}$	Δ_2	Δ_4	$R^2_{0,5}$	R^2_2	R^2_4	$\Delta_{0,5}$	Δ_2	Δ_4	$R^2_{0,5}$	R^2_2	R^2_4
Spritzwand	134,7	77,9	61,7	0,00	0,00	0,03	33,2	23,4	15,5	0,03	0,10	0,11
	44,5	*7,0*	*5,0*	*0,02*	*0,00*	*0,04*	*17,4*	*4,5*	*4,0*	*0,03*	*0,69*	*0,83*
Fahrersitzschiene	30,9	7,9	6,0	0,01	0,00	0,05	25,3	15,5	14,5	0,07	0,40	0,46
	36,2	*7,6*	*3,8*	*0,02*	*0,00*	*0,00*	*26,1*	*13,6*	*12,2*	*0,08*	*0,69*	*0,80*
Motorlager rechts	40,4	27,2	26,2	0,00	0,00	0,00	31,1	21,3	17,0	0,04	0,08	0,09
	17,6	*8,1*	*4,8*	*0,05*	*0,01*	*0,01*	*22,1*	*14,5*	*13,4*	*0,25*	*0,75*	*0,80*
Motorlager links	16,5	9,7	7,8	0,01	0,00	0,08	14,7	8,6	8,3	0,00	0,02	0,02
	8,5	*1,9*	*1,2*	*0,01*	*0,00*	*0,15*	*10,0*	*5,1*	*4,0*	*0,03*	*0,50*	*0,63*

	$\bar{n}_k = 1950$ min^{-1}						$\bar{n}_k = 2603$ min^{-1}					
	$\Delta_{0,5}$	Δ_2	Δ_4	$R^2_{0,5}$	R^2_2	R^2_4	$\Delta_{0,5}$	Δ_2	Δ_4	$R^2_{0,5}$	R^2_2	R^2_4
Spritzwand	52,0	27,3	26,0	0,20	0,84	0,87	33,1	13,1	9,1	0,01	0,16	0,32
	43,7	*26,4*	*25,3*	*0,10*	*0,34*	*0,34*	*43,6*	*11,2*	*8,3*	*0,02*	*0,51*	*0,64*
Fahrersitzschiene	76,1	44,9	40,1	0,33	0,84	0,87	50,4	16,6	11,7	0,00	0,18	0,27
	57,0	*35,7*	*28,7*	*0,34*	*0,70*	*0,77*	*38,0*	*13,3*	*11,1*	*0,01*	*0,00*	*0,00*
Motorlager rechts	30,4	16,2	14,7	0,19	0,50	0,53	19,1	10,5	9,8	0,07	0,50	0,57
	32,9	*17,3*	*15,7*	*0,38*	*0,77*	*0,78*	*21,7*	*10,9*	*9,5*	*0,08*	*0,78*	*0,88*
Motorlager links	29,6	14,8	10,3	0,08	0,34	0,42	10,1	3,4	2,3	0,00	0,12	0,25
	23,2	*10,6*	*9,3*	*0,31*	*0,77*	*0,84*	*10,6*	*4,1*	*3,2*	*0,02*	*0,47*	*0,66*

	$\bar{n}_k = 3006$ min^{-1}						$\bar{n}_k = 3511$ min^{-1}					
	$\Delta_{0,5}$	Δ_2	Δ_4	$R^2_{0,5}$	R^2_2	R^2_4	$\Delta_{0,5}$	Δ_2	Δ_4	$R^2_{0,5}$	R^2_2	R^2_4
Spritzwand	49,6	17,8	14,8	0,00	0,12	0,22	33,9	14,3	8,3	0,00	0,04	0,08
	42,5	*18,2*	*16,3*	*0,03*	*0,29*	*0,43*	*30,2*	*12,0*	*9,1*	*0,04*	*0,07*	*0,10*
Fahrersitzschiene	32,6	16,0	13,8	0,00	0,00	0,00	42,6	14,1	10,2	0,00	0,04	0,08
	32,2	*12,2*	*9,2*	*0,01*	*0,06*	*0,10*	*46,0*	*13,6*	*10,3*	*0,00*	*0,04*	*0,06*
Motorlager rechts	14,0	6,0	5,5	0,10	0,42	0,60	16,6	6,4	5,9	0,01	0,35	0,62
	13,9	*5,0*	*4,6*	*0,10*	*0,45*	*0,65*	*16,5*	*6,4*	*5,9*	*0,00*	*0,34*	*0,62*
Motorlager links	10,8	5,5	4,9	0,05	0,00	0,00	27,7	7,7	5,2	0,06	0,07	0,24
	7,6	*3,8*	*3,1*	*0,04*	*0,08*	*0,11*	*25,8*	*6,4*	*4,7*	*0,05*	*0,21*	*0,54*

	$\bar{n}_k = 3917$ min^{-1}						$\bar{n}_k = 4216$ min^{-1}					
	$\Delta_{0,5}$	Δ_2	Δ_4	$R^2_{0,5}$	R^2_2	R^2_4	$\Delta_{0,5}$	Δ_2	Δ_4	$R^2_{0,5}$	R^2_2	R^2_4
Spritzwand	40,3	17,3	14,0	0,00	0,14	0,30	42,5	13,9	7,9	0,01	0,06	0,17
	42,2	*16,0*	*10,9*	*0,00*	*0,11*	*0,22*	*36,9*	*11,0*	*6,1*	*0,00*	*0,10*	*0,21*
Fahrersitzschiene	58,1	22,6	21,3	0,03	0,29	0,47	21,0	8,5	7,2	0,05	0,28	0,44
	62,6	*23,3*	*21,1*	*0,04*	*0,29*	*0,47*	*21,1*	*8,5*	*7,3*	*0,05*	*0,28*	*0,43*
Motorlager rechts	20,1	13,8	12,6	0,05	0,55	0,79	11,0	7,9	7,4	0,12	0,53	0,79
	20,1	*13,9*	*12,8*	*0,05*	*0,55*	*0,80*	*11,1*	*8,0*	*7,5*	*0,12*	*0,54*	*0,79*
Motorlager links	47,2	20,0	18,0	0,00	0,08	0,08	26,0	11,4	10,4	0,00	0,35	0,59
	23,1	*8,6*	*6,2*	*0,00*	*0,22*	*0,44*	*29,2*	*8,9*	*8,0*	*0,00*	*0,41*	*0,66*

Tabelle B.1: Auf den jeweiligen Mittelwert bezogene Spannweite Δ des Effektivwerts des Beschleunigungsvektors an verschiedenen Messorten in Prozent sowie multiples Bestimmtheitsmaß R^2 für einen linearen Ansatz der Form $|\vec{a}_{\text{eff}}| = \beta_0 + \beta_1 n$. Beide Größen wurden jeweils über eine halbe, zwei bzw. vier Kurbelwellenumdrehungen berechnet (Index 0,5, 2 bzw. 4). Normal: Gesamteffektivwert, kursiv: Effektivwertbildung nur mit der zweiten und vierten Motorordnung.

Sichwortverzeichnis

Werdegang

Angaben zur Person:

Name: Hendrik Gerth
Geburtsdatum: 14.06.1973
Geburtsort: Hannover
Familienstand: ledig

Schulischer Bildungsweg:

1979-1983	Grundschule Arnum
1983-1985	Orientierungsstufe in Hemmingen
1985-1992	Bismarckschule, Gymnasium in Hannover
1992	Erreichen der Allgemeinen Hochschulreife

Universitärer Werdegang:

10/1992	Beginn des Studiums der Elektrotechnik an der Universität Hannover
09/1994	Vordiplom im Studiengang Elektrotechnik
02/1995	Auszeichnung mit dem Philips-Vordiplom-Preis
02/1995	Aufnahme in die Studienstiftung des Deutschen Volkes
10/1995	Aufnahme eines Parallelstudiums im Studiengang Wirtschaftswissenschaften an der Universität Hannover
02/1998	Vordiplom im Studiengang Wirtschaftswissenschaften
05/1998	Abschluss der Diplomprüfung im Studiengang Elektrotechnik
12/1998	Auszeichnung für die Diplomvorprüfung Wirtschaftswissenschaften durch die Universität Hannover
11/2000	Abschluss der Diplomprüfung im Studiengang Wirtschaftswissenschaften
05/2001	Auszeichnung mit dem Wilhelm-Launhardt-Preis für die Diplomprüfung Wirtschaftswissenschaften durch den Fachbereich Wirtschaftswissenschaften
04/2004	Einreichen der Dissertation beim Fachbereich Elektrotechnik und Informationstechnik

Berufliche Tätigkeit:

04/99-03/2004	Arbeit als wissenschaftlicher Mitarbeiter am Institut für Grundlagen der Elektrotechnik und Messtechnik der Universität Hannover